中国文化知识读本

ZHONGGUO WENHUA ZHISHI DUBEN

古代农业

金开诚◎主编　李济宁◎编著

吉林出版集团有限责任公司
吉林文史出版社

图书在版编目（CIP）数据

古代农业 / 李济宁编著 .—长春：吉林出版集团有限责任公司：吉林文史出版社，2009.12（2022.1 重印）

（中国文化知识读本）

ISBN 978-7-5463-1541-6

Ⅰ．①古… Ⅱ．①李… Ⅲ．①农业史－中国－古代 Ⅳ．①S-092.2

中国版本图书馆 CIP 数据核字（2009）第 222434 号

古代农业

GUDAI NONGYE

主编/ 金开诚 编著/李济宁

项目负责/崔博华　责任编辑/曹恒　崔博华

责任校对/袁一鸣 装帧设计/曹恒

出版发行/吉林文史出版社　吉林出版集团有限责任公司

地址/长春市人民大街4646号　邮编/130021

电话/0431-86037503　传真/0431-86037589

印刷/三河市金兆印刷装订有限公司

版次 /2009 年 12 月第 1 版　2022 年 1 月第 18 次印刷

开本/650mm×960mm　1/16

印张/8　字数/30千

书号/ISBN 978-7-5463-1541-6

定价/34.80元

《中国文化知识读本》编委会

关于《中国文化知识读本》

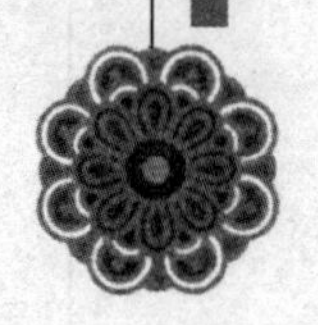

文化是一种社会现象，是人类物质文明和精神文明有机融合的产物；同时又是一种历史现象，是社会的历史沉积。当今世界，随着经济全球化进程的加快，人们也越来越重视本民族的文化。我们只有加强对本民族文化的继承和创新，才能更好地弘扬民族精神，增强民族凝聚力。历史经验告诉我们，任何一个民族要想屹立于世界民族之林，必须具有自尊、自信、自强的民族意识。文化是维系一个民族生存和发展的强大动力。一个民族的存在依赖文化，文化的解体就是一个民族的消亡。

随着我国综合国力的日益强大，广大民众对重塑民族自尊心和自豪感的愿望日益迫切。作为民族大家庭中的一员，将源远流长、博大精深的中国文化继承并传播给广大群众，特别是青年一代，是我们出版人义不容辞的责任。

《中国文化知识读本》是由吉林出版集团有限责任公司和吉林文史出版社组织国内知名专家学者编写的一套旨在传播中华五千年优秀传统文化，提高全民文化修养的大型知识读本。该书在深入挖掘和整理中华优秀传统文化成果的同时，结合社会发展，注入了时代精神。书中优美生动的文字、简明通俗的语言、图文并茂的形式，把中国文化中的物态文化、制度文化、行为文化、精神文化等知识要点全面展示给读者。点点滴滴的文化知识仿佛颗颗繁星，组成了灿烂辉煌的中国文化的天穹。

希望本书能为弘扬中华五千年优秀传统文化、增强各民族团结、构建社会主义和谐社会尽一份绵薄之力，也坚信我们的中华民族一定能够早日实现伟大复兴！

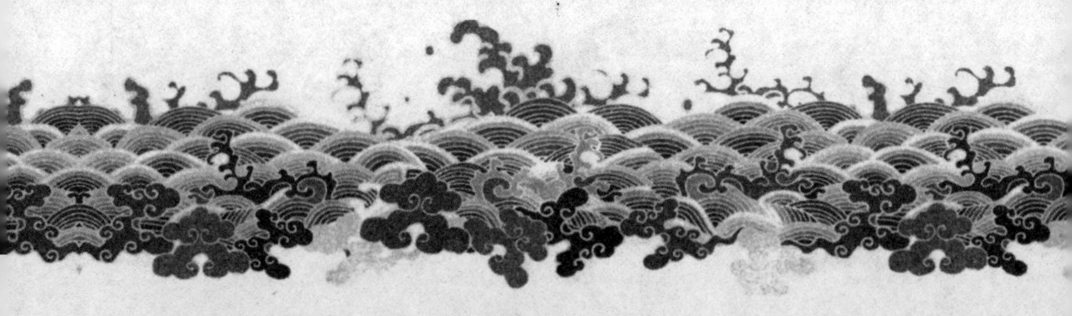

【目录】

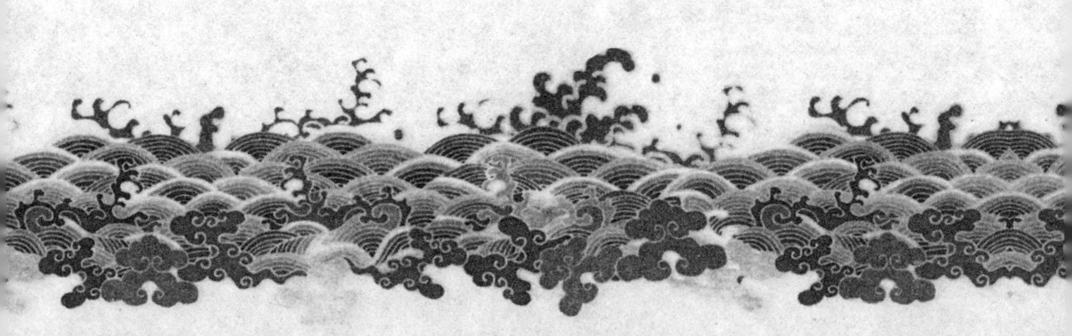

一 农业的起源

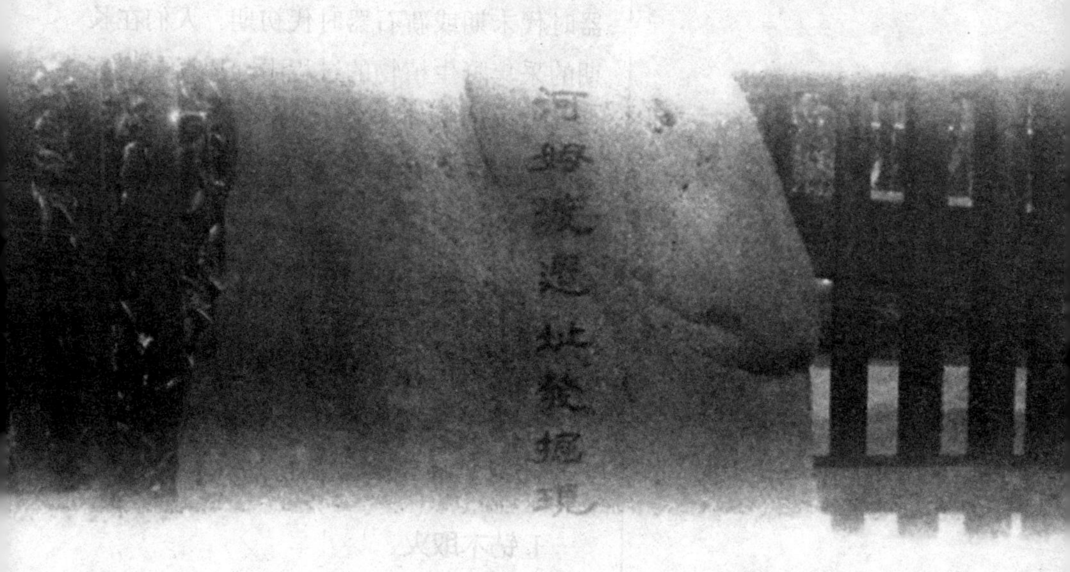

丰收农家

地球上的农耕发明是在采集经济基础上产生的，时间大约是在一万年前的旧石器时代末期或新石器时代初期。人们在长期的采集野生植物的过程中，逐渐掌握了一些可食植物的生长规律，经过无数次的实践，最终将它们栽培为农作物，从而发明了农业。

（一）有关农业起源的神话传说

关于我国农业的起源，古代书籍中有许多美丽动听的传说故事，从这些传说中，我们可以了解到原始农业的基本面貌。

1. 钻木取火

燧人氏是新石器初期河套附近的一个

母系氏族，他们打猎时发现，打击野兽的石块与山石碰撞时会产生火花，于是受到启发，发明了钻木取火。

钻木取火就是用坚硬的木头较尖的一端在另一块坚硬的木头上快速地打钻，靠摩擦产生的热量来点燃木头，再加些干草、树枝，轻轻地吹，便燃烧了起来，也就产生了火。人工取火的发明结束了人类茹毛饮血的时代，开创了人类文明的新纪元。所以，燧人氏一直受到人们的敬重和崇拜，被奉为“火祖”。

燧人氏不仅发明了“钻木取火”，还发明了“结绳记事”，用编结草绳的方法来帮助记录各种事情。

燧人氏在昆仑山立木观察星象祭天，发现了“天道”；又开始为山川百物命名，而有“地道”；还以风姓为人类命名，对人的婚姻交配有了血缘上的限制，也就是“人道”，从此开始了中国的文明历史。

原始狩猎

2. 伏羲传说

伏羲是中华民族的人文始祖，以他的时代为标志，中华民族开始跨入了文明的门槛。在伏羲时代，原始的畜牧业有了很大发展，原始农业逐渐起步，出现了农牧并举的局面，这是中国农业的初

距今七千年前，河姆渡已出现以种稻为主的农业聚落

始阶段。

相传伏羲人首蛇身，他善于观察天文、气象、地理、生物等自然现象，并创立了“八卦”。他教人们通过书写记事代替简单的结绳记事法；制定了婚丧嫁娶的制度，用兽皮做成衣服穿，使人们逐渐知道了礼仪；他还教人们结网捕鱼的技术，开始饲养牲畜，因此我们把伏羲看作是养殖业的创始人。

3. 神农尝草

神农氏是传说中的农业和医药的发明者。据说神农氏之前，人们吃的是爬虫走兽、果菜螺蚌，后来人口逐渐增加，食物不足，迫切需要开辟新的食物来源。神农氏为此遍尝百草，备历艰辛，多次中毒，又找到了解毒的办法，终于选择出可供人们食用的谷物，并从中发现了药材，开始教人治病。

丰收的谷仓

神农氏发明制作了木耒、木耜，教人类进行农业生产。他教人们种植五谷，并不单单靠天而收，还教人们打井汲水，对农作物进行灌溉，开创九井相连的水利灌溉技术。他还制定了历法。神农氏所处的时代，是中国从原始畜牧业向原始农业发展的转变关头。

农业的出现，让人类的劳动果实有了剩余，这时候，神农氏设立集市，让大家把吃不完、用不了的食物和东西，每天中午拿到集市上去交换，从而出现了原始的商品交易。同时，他还发明了陶器，解决了人类的生活用具问题——器皿、陶盆和陶罐等。

4. 黄帝由来

黄帝，姓公孙，名叫轩辕，出生于母

大禹治水的故事千古流传

系氏族社会。在打败蚩尤，统一了中原各部落之后，黄帝率兵进入九黎地区，随即在泰山之巅，会合天下诸部落，举行了隆重的封禅仪式，告祭天地。突然，天上显现大蚓大蝼，色土黄，人们说他以土德为帝，故自称为“黄帝”。

黄帝在农业生产方面有许多创造发明，其中最主要的是实行田亩制。黄帝之前，田无边际，耕作都没有计算，黄帝以步丈亩，将全国土地重新划分，划成“井”字，中间一块为“公亩”，归政府所有；四周八块为“私田”，由八家合种，收获缴政府。还对农田实行耕作制，及时播种百谷、发明杵臼、开辟园圃、种植果木蔬菜、种桑养蚕、饲养兽禽、进行放牧等。

黄帝族兴起于西北黄土高原，活动中心在黄河中下游地区，这里土质疏松，植被稀少，刀耕火种的山地农业被锄耕农业代替，采猎经济逐渐萎缩，种植业进一步发展起来。

黄帝时代进行较大规模的农业开发，种植耐旱的粟黍等农作物，从而奠定了中原地区进入文明时代的基础。

河姆渡是新石器时代原始农业的发祥地之一

5. 后稷教稼

后稷是古代周族的始祖，是黄帝曾孙帝喾之妃姜嫄所生。传说他是有邰氏之女姜嫄踏巨人脚迹，怀孕而生，以为不祥，因一度被弃，故又名弃。

尧帝封他为农官，舜帝给他的封号为后稷，其功勋与帝王相当。他善于种植多种粮食作物，被尊为“百谷之神”。后来，人们出于敬仰和爱戴，便尊称弃为“稷王”。

后稷不仅使五谷获取了丰收，而且懂得了粮食的春播、夏管、秋收、冬藏，总结了一套圆满的农事活动经验，他开创了万古不朽的农耕伟业。

周族奉他为始祖，并认为他是最早种稷和麦的人。民以食为天，后稷可以说是中华民族几千年帝业的根主，因此产生了

伏羲庙

“江山社稷”这一说法。

6. 舜耕历山

舜是上古五帝之一。相传舜对虐待自己的父母坚守孝道，故在青年时代即为人称扬。过了十年，尧向四方诸侯之长征询继任人选，诸侯之长就推荐了舜。尧将两个女儿嫁给舜，以考察他的品行和能力。舜不但使二女与全家和睦相处，而且在各方面都表现出卓越的才干和高尚的人格，“舜耕历山，历山之人皆让畔；渔雷泽，雷泽上人皆让居”，只要是他劳作的地方，便兴起礼让的风尚。

大禹陵一景

舜带动周围的人认真做事，精益求精，杜绝粗制滥造的现象。他到了哪里，人们都愿意追随，因而“一年而所居成聚，二年成邑，三年成都”。尧得知这些情况很高兴，赐予舜絺衣和琴，赐予牛羊，还为他修筑了仓房。

后来尧让舜参与政事，管理百官，接待宾客，经受各种磨炼。舜不但将政事处理得井井有条，而且在用人方面也有所改进。经过多方考验，舜终于得到尧的认可。

黄帝在农业生产方面有许多创造发明

选择吉日，举行大典，尧让位于舜，后来舜继尧之位成为上古五帝之一。

舜命弃担任后稷，掌管农业；命禹担任司空，治理水土，呈现出前所未有的清平局面。

7. 大禹治水

相传在四千多年前的尧舜时代，我国黄河流域经常洪水泛滥。鲧采用修筑堤坝围堵洪水的办法治水，没有成功。鲧的儿子禹继续治理洪水，禹吸取了他父亲治水失败的惨痛教训，改用疏导的策略。他以水为师，善于总结水流运行规律，利用水往低处流的自然流势，因势利导治理洪水。他带领百姓，根据地形地势疏通河道，排除积水，洪水和积涝得以回归河槽，流入大海。经过十多年的艰苦努力，终于制伏了洪水。大禹的功绩不仅在于使人们的生产、生活有了保障，使世世代代的居民免除了水患，同时扩大了农耕区，发展了农业生产。

（二）古代农业的起源、特点和发展时期

1. 中国古代农业的起源

我国农业起源于没有文字记载的远古时代，它发生于原始采集狩猎经济的母

伏羲庙内景

体之中。目前已经发现了成千上万的新石器时代原始农业的遗址，遍布在从岭南到漠北、从东海之滨到青藏高原的辽阔大地上，尤以黄河流域和长江流域最为密集。著名的有距今七八千年的河南新郑裴李岗和河北武安磁山以种粟为主的农业聚落、距今七千年左右的浙江余姚河姆渡以种稻为主的农业聚落以及其后的陕西西安半坡遗址等。近年又在湖南澧县彭头山、道县玉蟾岩、江西万年仙人洞和吊桶岩等地发现距今上万年的栽培稻遗存。由此可见，我国农业起源可以追溯到距今一万年以前，到了距今七八千年，原始农业已经相当发达了。

黄帝陵一景

2. 中国古代农业的特点

在种植业方面，很早就形成“北粟黍、南水稻”的格局；中国的原始农具，如翻土用的耒耜、收割用的石刀，也表现了不同地区的特色。

在畜养业方面，中国最早饲养的家畜是狗、猪、鸡和水牛，以后增至六畜（马、牛、羊、猪、狗、鸡）。中国是世界上最大的作物和畜禽起源中心之一。

我国大多数地区的原始农业是从采集渔猎经济中直接产生的，种植业处于核心地位，家畜饲养业作为副业存在，同时又以采集狩猎为生活资料的补充来源，形成农牧采猎并存的结构。

中国农业并不是从一个中心起源向周围扩散，而是由若干源头汇合而成的。黄河流域的粟作农业，长江流域的稻作农业，各有不同的起源；即使同一作物区的农业也可能有不同的源头。我国农业在其发展过程中，由于各地自然条件和社会传统的差异，经过分化和重组，逐步形成不同的农业类型。这些不同类型的农业文化成为不同民族集团形成的基础。中国古代农业，是由这些不同地区、不同民族、不同类型的农业融汇而成，并在相互交流和碰撞中向前发展的。

3. 中国古代农业的发展时期

中国古代农业可以分为六个发展阶段：

(1) 农业技术的萌芽时期

新石器时代（距今约 10000—4000 年以前）。中国农业大约起源于一万年前。农业的产生，为人类的文明进步奠定了坚实的基础。

(2) 农业技术的初步形成时期

夏、商、周（约公元前 2100—公元前 771 年）。这一时期，中国发明了金属冶炼技术，青铜农具开始应用于农业生产，水利工程开始兴建，农业技术有了初步的发展。

黄帝陵

炎帝神农庙

(3) 精耕细作的发展时期

春秋战国（公元前770—公元前221年）。这是中国社会大变革和科技文化大发展时期。炼铁技术的发明标志着新的生产力登上了历史舞台，铁农具和畜力的利用，推动了农业生产的大发展。

(4) 北方旱地精耕细作技术的形成时期

秦、汉至南北朝（公元前221—公元589年）。这是中国北方地区旱地农业技术成熟时期。耕、耙、耱配套技术形成，多种大型复杂的农具先后发明并运用。

(5) 南方水田精耕细作的形成时期

隋、唐、宋、元（公元 581—公元 1368 年）。经济重心从北方转移到南方，南方水田配套技术形成，水田专用农具的发明与普及，使南北方农业同时获得大发展。

(6) 精耕细作的深入发展时期

明朝至清前中期（公元 1368—公元 1840 年）。这一时期，中国普遍出现人多地少的矛盾，农业生产向进一步精耕细作化发展。美洲新大陆的许多作物被引进中国，对中国的农作物结构发生重大影响，多种经营和多熟种植成为农业生产的主要方式。

神农庙

二　不同时期的农业发展

（一）精耕细作农业的成型期

从春秋、战国开始，中经秦、汉、魏、晋以及南北朝，这是我国封建地主经济制度形成和向上发展的时期。随着封建地主制的形成和确立，生产力获得迅速的发展，出现了战国和前汉两次农业生产的高潮。

农业工具在这一时期有了很大的变化，铁犁、牛耕作为主要的耕作方式，农业动力也由人力发展到畜力以至水力和风力，这种变化使整个农业生产和社会经济大为改观。

在北方，旱地农业占主要地位，耕作制度由休闲制转为连作制。在南方，

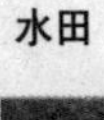
水田

水田获得进一步的开发，促使水利建设出现高潮，一批大规模的水利灌溉工程相继兴建。

这一时期，农业技术有了很大发展，北方旱地农业技术体系形成并日臻成熟，最突出的是形成了耕——耙——耪一整套耕作措施。人工施肥受到普遍的重视，人畜粪尿、绿肥作物、墙土等相继被用作肥料；选种技术有了较大进步，培育出众多的作物品种；病虫害及其他自然灾害的防治技术有了可观的成就；孕育出像《齐民要术》这样代表当时世界农学最高水平的名著，这标志着我国精耕细作农业技术体系已经成型。

农业工具在秦汉时期有了很大变化

战国、秦、汉时代，南方仍然是地广人稀，但局部地区农业生产已比较进步，而相当一部分地区仍然保留着火耕水耨的习惯。魏晋以来，北方人口的大量南移加速了南方的开发，使得南方农业技术有了跃进，精耕细作技术体系逐步完成。

在生产结构和布局方面，进居中原的游牧民族产生了分化，大部分接受了农耕文明，少部分被斥逐于塞北，逐渐演变成游牧民族和农耕民族，有着明显地区分隔的格局。这种格局在战国时代形成，其影响一直延续到今天。

魏晋南北朝时期，北方游牧民族大量进入中原

这一时期内，农区以种植业为主，农桑并重，实行多种经营，畜牧业也比较发达。在农区与牧区之间，平常通过互市和民间交流进行经济联系，并不时发生战争。秦汉统治阶级为了抵御北方游牧民族的侵扰，在西北地区屯田和移民，使农耕经济方式向牧区推进，在农区与牧区之间形成一个半农半牧的地区。魏晋南北朝时期，北方游牧民族大量进入中原，一度把部分农田改为牧场，但很快他们就接受了汉族的农耕文明，形成了以种植业为主、农牧结合、多种经营的生产结构，这是我国历史上游牧民族和农耕民族的第二次大融合。

（二）精耕细作农业的扩展时期

隋、唐、宋、辽、夏、金、元诸代，是我国封建地主经济制度走向成熟的时期。由北魏开始的均田制在隋唐时代继续实行，唐中后期逐渐瓦解，到了宋代租佃制度全面确立，农业生产出现了又一次高潮。

另一个历史性变化是全国经济重心从黄河流域转移到长江以南地区。这一转移从魏晋南北朝开始，隋唐时期继续发展，到宋代最后完成。

这一时期，农业工具继续有着重大发展，旱地、水田农具均已配套齐全，已达到接近完善的地步。例如使用轻便的曲辕犁，用于深耕的铁搭，适应南方水田作业的耖、耘荡、龙骨车、秧马和联合作业的高效农具如粪耧、推镰、水转连磨等。

由于人口增加（尤其是在南方）和土地兼并的发展，出现了“与山争地”和“与水争地”的浪潮。在中部和南部的山区，适应水稻上山的需要，“梯田”在这一时期发展了起来；在江南水乡，则出现圩田、涂田、沙田、架田等土地利用方式。这一时期，水利灌溉工程南北各地均有所发展，但建设的大头在南方，而南方又以小型水利工程为主。

在北方，旱地农业占主要地位

在耕作制度方面，轮作复种有所发展，最突出的是南方以稻麦复种为主的一年两熟制已相当普遍。北方旱地农业技术继续有所发展，但比较缓慢，农业技术最重大的成就是南方水田精耕细作技术体系的形成。水稻育秧、移栽、烤田、耘耨等都有了进一步发展。为了适应一年两熟的需要，更重视施肥以补充地力，肥料种类增加，讲求沤制和施用技术。南宋陈旉在其《农书》中对南方水田耕作技术作了总结，提出了“地力常新壮”的理论，标志着我国精耕细作农业在广度和深度上达到了一个新的水平。

这一时期的作物构成也发生了很大变化，北方小麦种植面积继续扩大，并

梯田景观

向江南地区推广；南方的水稻种植进一步发展，并向北方扩展，终于取代了粟而居于粮食作物的首位。原来为少数民族首先栽种的西北的草棉和南方的木、棉传至黄河流域和长江流域，取代了蚕丝和麻类成为主要的衣着原料。在农区的牲畜构成上，马的比重逐渐降低，耕牛进一步受到重视，养猪继续占据重要地位。

农民赶着水牛下田耕种

生产结构也发生了一系列变化。唐代以国营养马业为主的大型畜牧业达到极盛；中唐以后，由于吐蕃等少数民族的侵占和土地兼并的发展，传统牧场衰落，大型畜牧业也走向没落，小农经营的小型畜牧业成了畜牧业的基本经营方式。其他经营也有所发展，如茶叶、甘蔗、果树、蔬菜的栽培有较大发展，花卉业兴起了。

在这一时期内，原以游牧为主的契丹、女真、蒙古等族相继进入中原，出现了中国历史上游牧民族和农耕民族的第三次大融合。但这一次没有出现中原农区大规模农田改牧场的情况，相反，它加速了中原农耕文化向北方地区的伸展。随着元帝国的崩溃，北方游牧经济的黄金时代也就基本上结束了。

农闲小憩

（三）精耕细作农业持续发展时期

明代和鸦片战争以前的清代，封建地主经济制度仍然是有活力的，只是在制度的范围内进行了若干次调整，定额租成为主导的地租形式，佃农的人身依附关系更加松弛，经营自主权加强，因此农业生产在明代和清代又相继出现新的高潮。

顺治到道光的一百多年间，全国人口由几千万激增到突破四亿大关，人口的这种急剧增长显然是与农业发展给予的物质保障有关，但又对农业的发展方向产生较大的影响，由此而导致全国出现人多地少的格局。

一望无际的田地

农业生产工具在这一时期没有太大的发展，一方面是由于在当时的条件下，农具改进已临近它的历史极限；另一方面由于人多地少、劳力充裕，抑制了提高劳动效率的新式工具的产生。

解决人多地少所导致的民食问题的主要途径是提高土地利用率。多熟种植的迅速发展成了这一时期农业生产的突出标志。在江南地区，双季稻开始推广，在华南和台湾部分地区，出现了一年三熟的种植制度，在北方，两年三熟制获得了发展。有些地方甚至出现了粮菜间套作一年三熟和两年三熟的最大限度利用土地的方式。

农业技术又获得发展，进一步强调深

明清时期，西方农业科学技术开始传进中国

耕，耕法也更为细致，出现了套耕、转耕等方法。肥料的种类、酿施继续有长足的进步，接近传统农业所能达到的极限。作物品种的选育有很大发展，地方品种大量涌现。各种作物的栽培方法也有不少新创造。在传统农业技术继续发展的同时，西方农业科学技术开始传进。这一时代出现了像《农政全书》这样集传统农业科学技术大成的著作，也出现了一些高水平的地方性农书。

作物构成发生了显著变化，影响最为深远的是美洲新大陆作物的引进。玉米、甘薯、马铃薯等耐旱耐瘠高产作物恰好适应了人口激增的需要，获得迅速推广。烟草、花生、番茄、向日葵等经济作物的引进，丰富了我国人民的经济生活。总体上看，高产水稻的优势进一步加强，牲畜结构的变化不大。

明清时期，农业区获得很大的扩展。如明代对内蒙的屯垦；清代内蒙、东北的开垦；新疆、西南边疆、东南海岛和内地山区的开发等。农业区扩展的过程也是精耕细作的农业技术推广的过程，尤其是东北开辟成重要农业区。但森林资源由此遭到进一步破坏，传统牧区面积缩小，畜牧业在国民经济中的比重再一次下降，出现了农林牧比例失调的趋向。

三　农耕技术的创造

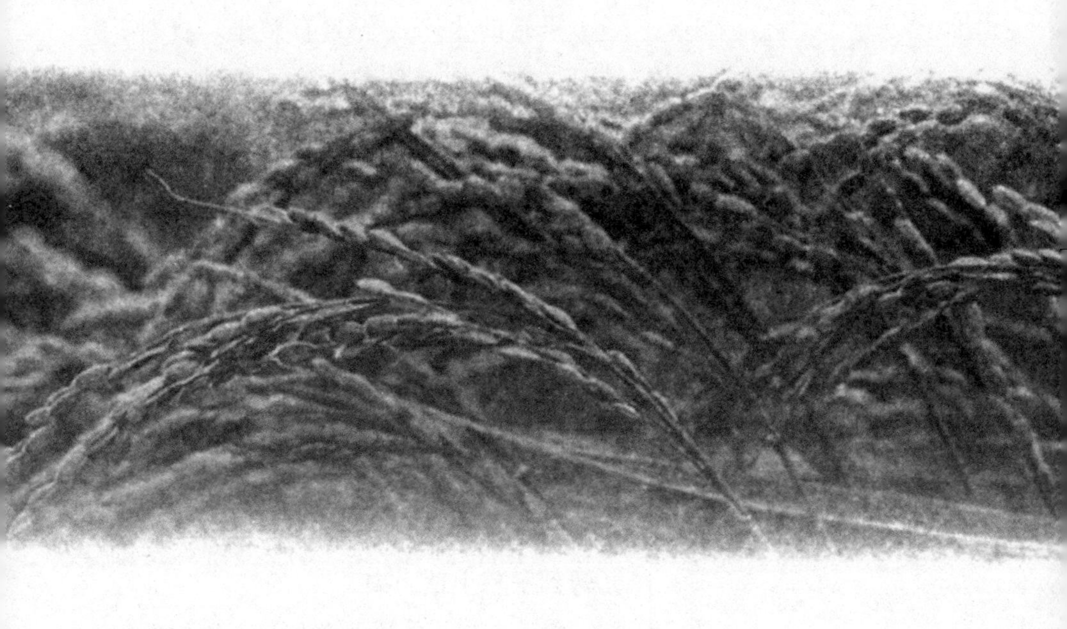

望不到边际的田地

（一）整地技术

原始的生产过程只有整地、播种、收获、加工四个环节。除了播种可以直接用手以外，整地、收获、加工都要使用工具。原始农业可分为火耕（或称刀耕）农业和耜耕（或称锄耕）农业。火耕农业的特点是生产工具只有石斧、石锛和木棍（耒）或竹竿，用石斧、石锛砍倒树木，晒干后放火焚烧，然后在火烧地上点播或撒播种子。耜耕农业的特点是除石斧、石锛之外，还创造了石耜、石锄等翻土工具，生产技术也由砍倒烧光转到平整土地上来。

六千多年前的原始稻作已有固定的田

块，除了垦辟田面、修筑田埂之外，还要开挖水井、水塘和水沟，由此可见，当时的整地技术已有一定的水平。

商周时期，已出现了许多整地农具，除了耒耜之外，还有金属农具锸、镢、锄、犁等，说明当时对整地已相当重视，但尚未提出深耕。修沟洫成为当时农田建设中的首要任务，除了在农田周围开挖沟渠外，还要在田中翻土起垄，并且根据地形和水流走向，将垄修成南北向或东西向，这也是垄作的萌芽。

春秋战国时期，对整地已明确要求做到“深耕熟耰”，即要求深耕之后将土块打得很细，以减少蒸发，保持土中水分，达到抗旱、保墒、增产的目的。深耕要求做到“其深殖之度，阴土必得”（《吕氏春秋·任地》），即要耕到有底墒的地方，以保证作物根部能吸收到地下水分。因此，整地的劳动强度就十分大，需要有更适用的农具，于是铁农具应运而生并得到推广。原来的木耒这时也装上铁套刃，提高了翻土的工效；原来的木耜也装上金属套刃，变成了铜锸和铁锸。

铁镢的出现更是适应深耕的需要，垄作由萌芽状态已经演变成为一种较为完备的“甽亩法”（甽就是沟，亩就是垄），

农具——犁耙

牛马是古代农业的主要劳动工具

即将田地翻成一条条沟垄。战国时期盛行的铁锄就适于平整垄面，而铁镢则更适于开挖畎沟。实行垄作，可以加深耕土层，提高地温，便于条播，增加通风透光，利于中耕锄草，增强抗旱防涝能力，从而达到提高产量的目的。但开沟起垄，劳动量很大，仅凭人力较难满足这一客观要求，人们便开始用牛耕来开沟起垄。可见，战国时期牛耕的推广和垄作技术是有密切关系的。

到了汉代，对整地的要求更加严格，除了深耕，还要细锄。西汉农书《氾胜之书》对耕作已明确指出："凡耕之本，在于趣时、和土、务粪泽、早锄、早获。"就是要及时耕作，改良土壤，重视肥料

魏晋南北朝时期，旱地耕种技术趋于成熟

“深耕细锄”在汉代农业生产中即已有之

和保墒灌溉；及早中耕，及时收获。东汉王充在《论衡·率性胜》中也提出“深耕细锄，厚加粪壤，勉致人工，以助地力”的基本要求。都是将农业生产过程作为一个整体，而以整地为田间作业的最重要环节。深耕细锄是汉代农业生产对整地的技术要求。

到魏晋南北朝时期，北方旱地农业以精耕细作为特征的整地技术已趋于成熟，形成了一套耕——耙——耱的技术体系。即在耕地之后，要用耙将土块耙碎，再用耱将土耱细。当时南方水田生产中的整地技术缺乏文字记载，但从考古资料分析，南方水田也已采用耕耙技术，只是耙的结构和北方不同。耙的形状与元

明时期的耖类似，上有横把，下装六齿，是用绳索套在水牛肩上牵引，人以两手按之。这种耙适于水田耕作，可将田泥耙得更加软熟平整，以利于水稻的播种和插秧。可见，南方的水田作业早已脱离“火耕水耨”的原始状态而走上精耕细作的道路。

唐宋以后，我国北方的旱作农业整地技术一直是继承耕——耙——耱的传统，南方则形成耕——耙——耖的技术体系，在生产中都发挥了很大作用。

原始的农业播种技术相对简单

（二）播种技术

原始农业的播种技术比较简单，只有穴播和撒播两种。穴播先用于种植块根、块茎植物，后来才用于播种谷物。撒播则用于播种粮食作物，是用手直接抛撒。

商周时期的播种方法还是以撒播为主。但《诗经·大雅·生民》已有“禾役穟穟”诗句，联系西周时期田中已有“亩”（垄），推测当时可能已出现条播的萌芽。不过真正推行条播还是在春秋战国时期，当时已认识到撒播的缺点：“既种而无行，茎生而不长，则苗相窃也。”而条播则“茎生有行，故遬（速）长；弱不相害，故遬（速）大”（《吕氏春秋·辩

播种

土》）。因而垄作法在战国时得到推广，在汉代得到普及。汉代在条播方面的突出成就是发明了播种机械耧犁（也叫耧车、耩子），即是一种将开沟和播种结合在一起的农业机械。

汉代在播种技术方面的另一重大成就是水稻的移栽技术，至少在东汉就已发明了育秧移栽技术。东汉月令农书《四民月令》中提到："五月可别稻及蓝。"别稻就是移栽水稻。育秧移栽可以促进稻株分蘖，提高产量，又可节省农田，有利复种，在水稻栽培史上是一重大突破。

魏晋南北朝时期播种的方法也是撒播、条播和点（穴）播三种。条播多用耧车，撒播和点播则是用手。

（三）中耕技术

国外有的农学家曾把我国的传统农业称之为中耕农业，中耕是我国传统农业生产技术体系中的重要环节。中耕主要是除草、松土，改善作物的生长环境。

原始农业在播种后“听其自生自实”，自然没有中耕这一环节。到了商周时期，中耕技术有了一定的发展，在西周时期，人们已认识到除草、培土对作物生长的促进作用，中耕技术得以确立。当时田间的杂草主要是莠和稂，莠是像粟苗的狗尾草；稂是像黍苗的狼尾草，都是旱田农业中的伴生杂草。当时对于莠和稂

梯田在南方较为常见

已经能识别并要求除净，可见，对除草工作已很重视。

西周时期，不但强调中耕除草，而且已经利用野草来肥田了。商周时期出现的钱镈之类的锄草农具就是为这一中耕技术服务的。

垄作技术和条播方法的推行，使中耕除草成为生产中的一个重要环节。战国时期称其为“耨”，用作耨的工具也叫做“耨”，是一种短柄的小铁锄。耨柄长有一尺，只能单手执握“蹲行甽亩之中”进行锄草工作。新出现的另一种六角形铁锄，体宽而薄，安装一长柄，人可以双手执锄站在田间锄草，既可减轻疲劳，又提高了劳动效率。因刃宽且平，锄草面积大，两肩斜削

铁锄

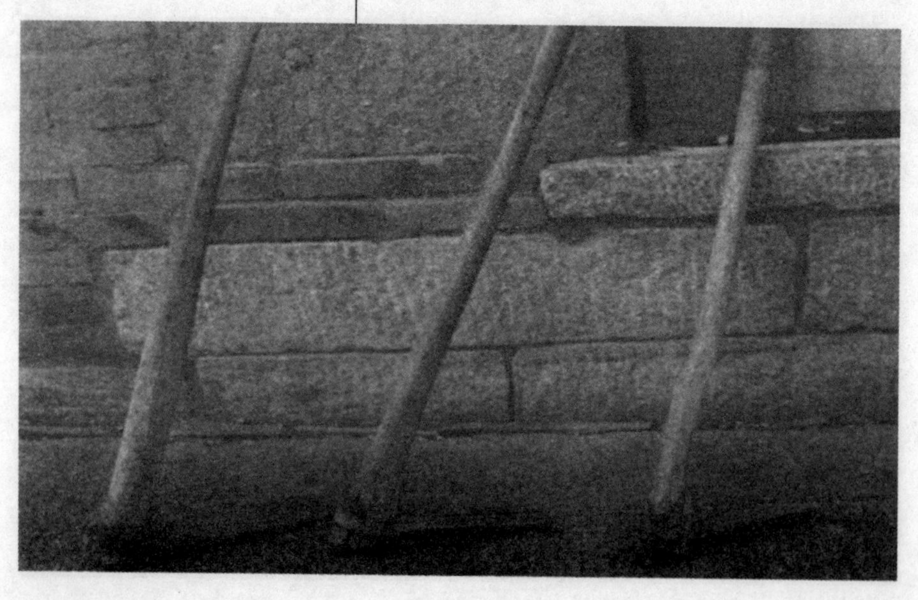

成熟的稻穗

呈六角形，锄草时双肩不易碰伤庄稼，故特别适于垄作制的要求，并且一直延续使用到汉代。

汉代很强调中耕除草。《氾胜之书》就把“早锄”作为田间管理的重要环节，对各种作物都要求“有草除之，不厌数多”。汉代农具中有专门用来锄草的铁锄（如前述的六角形铁锄），锄在汉代又写作鉏，专门用来中耕锄草松土的，不同于用来翻土整地的锸、镢等农具。

汉代水稻已采取育秧移栽技术，田中有行距，人可以下去除草。用手除草非常辛苦，但很彻底，通常是将草拔起来再塞进泥中，腐烂后可以肥田，这是用其他工具难以做到的。另一种方式是用脚将田中杂草踩入泥中，使之腐烂，但有时野草可

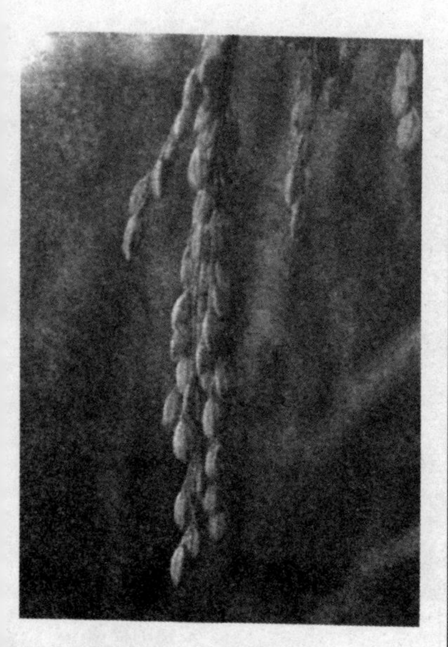

六千年前在中国南方即已出现了原始的灌溉技术

能复活，而且速度较慢，久立还容易疲劳。一般需扶根竹棍以便于站立，又可减轻疲劳。这种方式今天在南方的一些农村中还可见到。

魏、晋、南北朝时期的中耕技术主要是继承汉代，强调多锄、深锄、锄早、锄小、锄了。《齐民要术》中有详细的记载，并指出中耕的好处除了除草之外，还可以熟化土壤，增加产量。

在锄草方式上，除人工外，还使用畜力牵引中耕农机具。河南省渑池县窖藏铁器中有一种从未见于记载的双柄铁犁，犁头呈“V”字形，两翼端向上伸一直柄，应是安装木柄扶手供操作的。柄上可连接双辕或者系绳，以牛或人为动力进行牵引。此犁不宜耕翻田地，只适于在禾苗行间穿过，松土、除草，有利保墒，可称之为耘犁，类似后来的耧锄。

（四）灌溉技术

原始农业本没有什么灌溉可言，但在考古发掘中却使人们对南方原始稻作农业的灌溉措施有了全新的认识。早期的水田是对自然低洼地的利用，尚未考虑给水、排水的需要，中期与晚期的水田已开挖相互有微落差的水田，并与水井、水塘、水路等设施配套使用。

对于水田来说，灌溉及排水尤为重要

早在六千多年前，南方稻作农业就已出现了原始灌溉技术，并有了一定规模的灌溉设施。这是很了不起的成就，也表明商周时期的灌溉技术并非无源之水。

商周时期的灌排系统主要是在农田之间挖掘很多沟渠，称之为沟洫。周代的沟洫已有一定的规模，分为旱田和水田两个系统。实际上水田的沟洫是灌排兼用，而旱田的沟洫则是以排水为主。作物成熟的季节正是雨量充足的时候，如果没有迅速排水的沟洫系统，往往暴雨成灾，冲毁农田。商周时期也重视灌溉，并掌握了一定的引水灌溉技术。沟洫灌排系统的修建，

收获的季节

需要开挖大量的土方，迫切需要改进原有简陋的掘土工具，促进了铜类的掘土农具的产生。

春秋战国时期是我国古代农田水利大发展时期，灌溉已被视为农业生产的当务之急。当时还修建了一批直接用于农业生产的灌溉工程，著名的有河北邺县的西门豹渠、四川灌县的都江堰和陕西关中的郑国渠等。这些水利工程以及水田沟洫设施主要是利用地表水流来灌溉农田，对于地下水的利用则是靠井灌。井灌是在园圃中挖一口井，用井水灌溉蔬菜。最初是人工用瓶罐从井中取水，后来发明了提水机械——桔槔，比手工汲水要提高百倍工效。

辘轳和井

战国时期桔槔的使用并不普遍，到汉代才普及。

汉代的农田水利有很大发展。汉武帝对水利相当重视，修建了一大批大型水利工程。汉代也采用井灌的方式来浇灌园圃中的蔬菜。浇灌时，从井中提取井水直接倒在水沟中，水流顺着水沟两边的缺口流进菜地中。井水较浅，可用桔槔汲水，井水太深，桔槔够不着，就用滑轮来提取，滑轮在汉代也称辘轳。大约在东汉末期，发明了提水工效更高的翻车，就是现在农村还在使用的手摇水车，一直是农村主要的灌溉农具。中发挥着重要作用，也是我国灌溉机械史上

的一项重大成就。

（五）收获技术

在原始农业生产中，因种植作物不同，其收获方法及使用的工具也不相同。收获块根和块茎作物时，除了用手直接拔取外，主要是使用尖头木棍（木耒）或骨铲、鹿角锄等工具挖取。收获谷物时则是用石刀和石镰之类的收割工具来收割。根据资料记载，人们最初是用手拔取或摘取谷穗，后来使用工具来代替，所以，最早的收割工具石刀和蚌刀等都是用来割取谷穗的。许多石刀和蚌刀两边打有缺口，便于绑绳以套在手掌中使用，晚期的石刀和蚌刀钻有单孔或双孔，系上绳子套进中指握在手中割取谷穗，不易脱落。商周以后的铜铚仍继承这一特点，一直沿用到战国时期。

早期的石臼较小，而且外形较不规则

至少在八千年前，石镰就已经出现，其形状与后世的镰刀颇为相似。石镰、蚌镰只是用来割取谷穗，而不连秆收割。因为当时禾谷类作物驯化不久，仍然保留着容易脱落的野生性状，用割穗的方法可以一手握住谷穗，一手割锯谷茎，避免成熟谷粒脱落而损失。另外，当时的谷物采用撒播方式播种，植株间生长不齐，要连秆一起收割极为困难。商周时期已经出现金

镰刀

属镰刀，但仍然采用割穗的方法收获庄稼，甚至直到汉代，还保留着这种习惯。不过，汉代已实行育秧移栽技术，田中已有株行距，水稻品种也远离野生状态，再加上铁农具的普及，铁镰轻巧锋利，具备了连秆收割的条件。而适于割取谷穗的铚，则被镰刀替代。西汉时期，有些地方开始采用连秆收割的方法，此后逐渐成为主流。

（六）脱粒加工技术

人类最早的脱粒方法是用手搓，稍后则用脚踩的方法进行脱粒。再后来，人们用木棍来敲打谷穗，使之脱粒，这种方法可以说是连枷脱粒的前身。

目前通过考古发掘，能够确认的脱粒加工农具是杵臼和磨盘。如河姆渡遗址出土的木杵和裴李岗遗址出土的石磨盘都有七八千年的历史。石磨盘是谷物去壳碎粒的工具，杵臼则兼有脱粒和去壳碎粒的功能，因而杵臼的历史似乎应该更早一些。最原始的就是地臼，在地上挖一个坑，以兽皮作垫，用木杵舂砸采集来的谷物。继木臼之后，至少大约在七千年前出现了石杵臼，其工效比木杵臼要高许多。商周时期，石杵臼是主要的加工农具，一直到西汉才有了突破

石磨盘

性创造，发明了利用杠杆原理的踏碓和利用畜力、水力驱动的畜力碓和水碓。但是手工操作的杵臼并未消失，而是长期在农村使用。

专门用来去壳碎粒的工具是石磨盘，其历史可追溯到旧石器时代晚期的采集经济时代。原始的石磨盘只是两块大小不同的天然石块。使用时，将大石块放在簸箕上，一端用小木墩或石头垫起，使之倾斜，把谷粒放在石块上，双手执鹅卵石碾磨，利用石板的倾斜度，使磨碎的谷粒自行落在簸箕上。考古发现八千年前的石磨盘制作已经相当精致，可见，

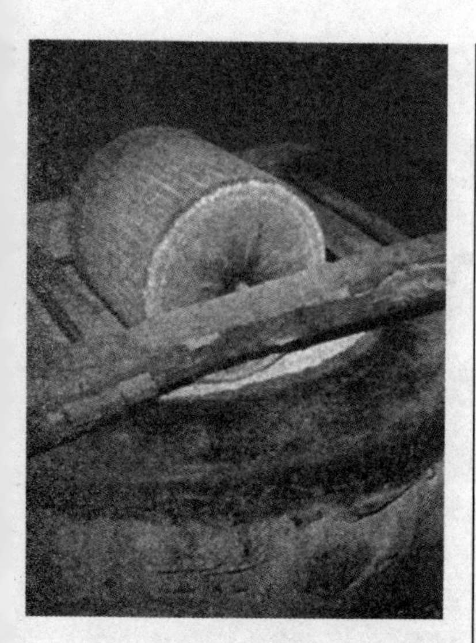

石碾

那时谷物加工技术和工效已经达到很高的水平了。

去壳和碎粒技术以后各有发展。去壳方面出现了砻和碾，专门用于谷物脱壳。砻有木砻和土砻两种。木砻用木材制成，土砻砻盘是在竹篾或柳条编成的筐中填以黏土，并镶以竹、木齿。砻的形状如石磨，由上下两扇组成，砻盘工作面排有密齿，用于破谷取米。稻谷从上扇的孔眼中倒入，转动上扇的砻盘即可破谷而不损米。另一种去壳的农具就是碾，盛行于唐宋，后来还出现了水碾。战国时期，碎粒方面出现了旋转型石磨，旋转型石磨在汉代得到很大的发展，它可将谷物磨成粉末，将小麦磨成面粉，将大豆磨成豆浆，使得中国谷物食用方式由粒食转变为面食，也促进了小麦和大豆的广泛种植。旋转型石磨一直是我国广大农村最重要的加工农具，长期盛行不衰。

谷物在脱粒和去壳之后，需要扬弃谷壳糠秕杂物。最原始的办法是手捧口吹，商周时期已普遍借助风力，西汉时期开始使用风扇车来净谷。风扇车的发明，标志扬弃糠秕杂物开始采用结构较为复杂的农机具，是一项突破性的成就。

四　作物的栽培

民居旁的麦田

粮食在古代泛称为“五谷”，民间历来对“五谷”解释不一，实际上，“五谷”只是几种主要粮食作物的泛称而已。根据考古发掘资料，新石器时代的人们已经种植了黍、稷、粟、麻、麦、豆、稻等粮食作物。大体上黄河流域以黍、稷、粟、麻、麦、豆等旱作物为主，长江流域以水稻为主。它们都有八千年以上的历史。

（一）稻

水稻是从普通野生稻驯化而成的，而野生稻只生长在长江流域及其以南地区，可见稻作的起源地应是长江流域。

迄今为止，发现最早的稻作遗存有湖南省道县玉蟾岩、江西省万年县仙人洞及广东省英德市牛栏洞等三处洞穴遗址。

1993年，在湖南省道县寿雁镇白石寨玉蟾岩发掘出土一颗稻谷粒（具有野生稻特征，但具有人工初期干预痕迹）。1995年又再次发现水稻谷壳，此水稻谷壳的栽培化特征明显，是一种由野生稻向栽培稻演化的古栽培稻类型。玉蟾岩遗址的年代经测定为距今15000—14000年。仙人洞遗址的稻谷遗存经分析，可以看出12000年前的水稻植硅石属于野生稻，10000—9000年前的水稻植硅石属于野生稻向栽培稻过渡的形态，7500年以后则完全是栽培稻，也就是说，在仙人洞地区，栽培稻是出现于新石器时代初期，距今大约10000—9000年之间。1996年在广东省英德市牛栏洞遗址发现了水稻植硅石，距今11000-8000年之间。

水稻种植

这三处发现表明早在一万年以前，原始居民就已经开始栽培水稻，这是目前已

拆分开的农具模型

发现的世界上最早的稻谷遗存。

七千年前的河姆渡遗址的出土物中，有大批稻谷、米粒、稻根、稻秆堆积物。这些丰富遗存，证明早在七千年前，我国长江下游的原始居民已经完全掌握了水稻的种植技术，并把稻米作为主要食粮。最早的水稻种植仅限于杭州湾和长江三角洲近海一侧，然后像波浪一样，逐级地扩充到长江中游、江淮平原、长江上游和黄河中下游，最后形成了今天水稻分布的格局。

稻在中国古代的分布和发展，大致可分为四个阶段。在新石器时代，稻在南北均有种植，主要产区在南方。自夏商至秦

饱满的谷穗

汉期间，除南方种植得更为普遍外，在北方也有一定的发展。三国至隋唐期间，北方种稻持续发展，唐代中国西部的广大地区种稻也有相当规模。宋元至明清时期稻在南北方均有发展。明清时期，水稻栽培几乎已遍及全国各地，在粮食作物中已跃居首位。

（二）粟

粟就是谷子，是从狗尾草驯化而成的，属于禾本科的一年生草本作物，喜温暖，耐旱，对土壤要求不严，适应性强，可春播和夏播，因此特别适合在我国黄河流域

小米营养价值很高

种植。粟去壳称作小米，营养价值很高，长期以来一直是北方人民的主粮。粟原产于中国北方，早在原始时代，粟就已成为主要的粮食。

最早发现的粟遗存是20世纪30年代在山西省万荣县荆村瓦渣斜遗址出土的粟壳，其时代为仰韶文化至龙山文化时期。后来的考古研究发现，粟的栽培历史可推到八千年前，从而有力证明我国是世界上最早种植粟的国家。

粟的起源地应该在黄河中上游地区，大约经过千年左右的发展，粟的种植已经扩展到黄河下游。大约到了商周时代，粟的种植已经传播到遥远的南方，如云南省剑川县海门口，出土了公元前1150年的成把粟穗，甚至连海峡对岸的台湾也有粟出土。商周以后，粟在中原大地的种植已经很普遍，战国至汉代的文献中经常记载粟是主要粮食，西汉的农书《氾胜之书》就将粟列为五谷之首。在江苏、湖北、湖南、广西等地的西汉墓中都发现用粟随葬，可见长江流域各地也种植粟。粟在粮食作物中的首席地位一直保持到唐代，隋唐时期，粟的种植已达到非常发达的程度了。宋代以后，粟的“五谷之首”地位才被水稻所取代。

粟的起源地应该在黄河中上游地区

（三）黍、稷

黍、稷本是同种作物，通常按形态特征分类，根据籽粒的糯性与粳性分为黍和稷。均为禾本科一年生草本作物，生育期短，喜温暖，不耐霜，抗旱力极强，因此，特别适合在我国北方尤其是西北地区种植。商周时期，黍、稷是北方居民的主要粮食作物，甲骨文和《诗经》中黍的出现次数最多，远远超过粟。

黍在中国的栽培也有近八千年的历史了，与粟一样古老。甘肃省东乡县林家遗址，在出土的陶罐里发现了和粟粒、大麻籽装在一起的稷粒；还发现了带有细长芒

长势喜人的农作物

的稷穗捆扎成束堆放在一起，堆积面积达1.8立方米。从出土的情况观察，当时是用锋利的石刀或骨刀将带小穗的花序割下来，再精心地将稷秆分别扎成小把，待晒干后整齐地堆放在窖穴之中，可能是为第二年播种准备的种子，由此可见，当时的农业生产水平已大有提高。林家遗址属于马家窑文化，距今五千年左右，可见至少到了五千年前，黍、稷已为北方各地所种植，成为当时的主粮之一。迄今为止，在长江流域的新石器时代遗址中尚未发现过黍、稷遗存，可能因它不适于在潮湿多雨而又炎热的南方种植，故不受南方人民的重视。

（四）麦

麦是一年生或两年生的草本植物，是我国北方重要的粮食作物。甲骨文中有“来”和“麦”两字，是“麦”字的初文。《诗经》中“来”“麦”并用，且有“来”“牟”之分，一般认为“来”指小麦，“牟”指大麦。后来古籍多用“麦”字，以后随着大麦、燕麦等麦类作物的推广种植，为了便于区别，才专称“小麦”。

1985年和1986年两次在甘肃省民乐县六霸乡东灰山新石器时代遗址中，发现了大麦、小麦、高粱、粟、稷等五种炭化

丰收的麦穗

籽粒，这些麦粒均与普通栽培小麦粒形十分相似，属于普通小麦种。可以看出它们当时植株有高有矮，穗头有大有小，是一种粗放耕作的原始种植业。东灰山遗址的年代经碳十四测定为距今五千年左右，这样就解决了我国新石器时代是否种植小麦的长期争论，把我国小麦种植的历史推到五千年前。

小麦的种植到商周时期有了进一步发展，甲骨文已有“来麦”“受麦”“呼麦”“告麦”“田麦”“登麦”“食麦”等卜辞，可见当时中原地区对麦的种植是很重视的。《诗经》中麦字出现九次，仅次于黍、稷。

麦子

麦的真正普及是在汉代以后，主要是战国时期发明的旋转石磨盘在汉代得到推广，使小麦可以磨成面粉。《汉书·食货志》记载了董仲舒向汉武帝建议推广小麦的种植。各地西汉墓中也经常有小麦出土。故宫博物院藏有一件新莽始建国元年铜方斗，上面刻有五种嘉谷图，其中就有“嘉麦”，足以证明到了西汉，麦已成为人们不可缺少的重要粮食。

小麦主要在北方种植，在南方种植发展还是得益于于南宋时期北方人大量南迁，对南方麦需求大量增加而造成的。到明代小麦种植已经遍布全国，但分布很不平衡，《天工开物》记载北方：“齐、鲁、燕、秦、晋，民粒食小麦居半，而南方闽、浙、吴、楚之地种小麦者二十分而一。”

（五）高粱

高粱也叫蜀黍，现在北方俗称秫秫，在古农书里也有写作蜀秫或秫黍的。高粱为禾本科一年生草本作物，秆直立，叶片似玉米，厚而较窄，穗形有扫帚状和锤状两类，颖果呈褐、橙、白或淡黄色；种子为卵圆形，微扁，质黏或不黏；性喜温暖，抗旱，耐涝，我国南北均有种植，以东北各地种植最多。

高粱

农学界多认为高粱原产于非洲中部，而我国文献记载直到晋代才有“蜀黍”一名，唐代才有高粱的名称。

1985年和1986年，在甘肃省民乐县东灰山发现的五千年前的炭化高粱，其形状和现代高粱相同，接近球形，经鉴定是中国高粱较古老的原始种。当然，中国高粱起源于何时何处的问题，目前还难以确定。相传周之先祖后稷最先教稼于民，后稷当年教稼之地的稷王山附近出土的高粱，初步揭示了我国先民最早栽培高粱的秘密。后稷与尧舜是同时代人，可见，我国劳动人民早在尧舜时代就开始栽培高粱了，这与考古发现的事实基本相符。

高粱地

高粱的种植到了汉代有较大的发展，这从辽宁、内蒙古、陕西、山西、河南、江苏和广东的汉墓中都有高粱随葬可以得到证明。河南省洛阳市烧沟汉墓出土的陶仓上经常书写“麦万石”“粱万石”“豆万石”之类文字，这显然表明地主阶级对财富的贪婪和占有欲，还幻想死后挥霍大量粮食。但有意思的是，将写有“粱万石”陶仓里的谷物送到河北农学院鉴定，竟发现是高粱。可见，汉代文献中的“粱”有可能是指高粱。

（六）豆

大豆，古代叫“菽”或“荏菽”，是

古代主要粮食之一。

大豆原产于我国北方，是从野生大豆驯化而来的，据出土文物考证，我国在五千年前就已经有大豆种植，公元前留下的《诗经》《左传》《史记》等著作也都有关于“稷、黍、稻、麦、菽”的记载，大豆一词出现于秦代之后。

世界公认中国是大豆的故乡，我国农业开创于新石器时代。据考证，当初在商代的甲骨文上发现了有关大豆的记载，在山西侯马曾出土过商代的大豆化石。

大豆在西周和春秋时已成为重要的粮食作物，被列为五谷或九谷之一。战国时大豆的地位进一步上升，在不少古籍中已是菽、粟并列，也说明当时菽种植的面积

大豆原产于我国北方

大豆在西周春秋时期被列为五谷或九谷之一

在增加。但大豆只是普通人的主粮，称为“豆饭”，不像稻、粱那样被认为是细粮。豆叶也供蔬食，称为“藿羹”。

秦汉以后，“大豆”一词代替了“菽”字。“大豆”一词最先见于《神农书》的《八谷生长篇》，其中记载：“大豆生于槐。出于沮石云山谷中……”在汉代的其他文献中，有主张麦子和谷子或大豆轮种，可见，当时大豆的播种面积已相当可观。

大豆在汉代已经被普遍种植，西汉农书《氾胜之书》专门记载了大豆的栽培技术，书中提倡每人要种五亩大豆，还指出利用区种法种植大豆，亩产可达十六石（约等于今天亩产 396.5 斤），产量是很高的。各地的汉墓中也经常出土豆类实物。

大豆种植

汉至唐末这一时期，大豆的种植有很大发展。西自四川，东迄长江三角洲，北起东北地区和内蒙古、河北，南至岭南等地都有大豆的种植。

大豆在长期的栽培中，适应南北气候条件的差异，形成了无限结荚和有限结荚的两种生态型。北方的生长季短，夏季日照长，宜于无限结荚的大豆；南方的生长季长，夏季日照较北方短，适于有限结荚的大豆。

（七）麻

大麻原产于中国，是重要的纤维作物兼食用作物。原称为“麻”，三国以后“麻”字逐渐发展为麻类作物的总称，为了便于区别，大概在唐代便改称为大麻，以后又

大麻种植

有汉麻、火麻、黄麻等别称。

大麻为桑科一年生草本作物，系雌雄异株植物。雄麻古称为枲，纤维细柔，可作为纺织原料。雌麻古称为苴，籽粒可以食用，古代曾列为五谷之一。

大麻油可供食用，种子可入药，称火麻仁，花和叶均可提取麻醉剂。

甘肃省东乡县林家遗址曾出土过新石器时代的大麻籽，说明作为食用的大麻种

从大麻的花和叶中可以提取麻醉剂

植历史至少有五千年以上。河北藁城台西商代遗址出土过大麻籽粒，河南洛阳烧沟、湖南长沙马王堆等西汉墓中，也出土了麻籽，说明大麻直到汉代还经常被当做粮食。不过，汉代以后作为粮食用的麻籽逐渐退出五谷行列，汉以后的墓葬或遗址中也就很少发现有麻籽遗存。

秦汉至隋唐时期，大麻有很大发展。《史记·货殖列传》记载汉代齐鲁一带是盛产大麻的地区，且有“齐鲁千亩桑麻，……其人与千户侯等”的说法。北魏时，以大麻布充税的地区更广泛，主要在今甘肃、陕西、河北、山东、山西及江淮等地区，此时南方也有发展。南朝宋时，曾大力推广大麻，至唐代，在

大麻

长江流域发展很快，长江流域成为大麻的另一个重要产区。

宋元期间，大麻生产虽然在黄河流域仍很普遍，但在南方却明显缩减。原因是宋末元初棉花已发展到长江流域，并开始向黄河流域推进，对大麻的发展有很大影响，长江流域不少地方大麻已为棉花所取代。

明清时期，大麻生产曾有一些发展。

五 家畜的驯化和饲养

史前先民将一些野生动物驯化为家养动物，大体要经过拘禁、野外放养、定居放牧几个阶段。根据考古资料，我国原始畜牧业主要驯养的家畜有猪、牛、马、羊、狗等，家禽有鸡、鸭、鹅等。

（一）家畜

1. 猪

家猪是由野猪驯化而来的。在华夏的土地上，早在母系氏族公社时期，就已开始饲养猪、狗等家畜。浙江余姚河姆渡新石器文化遗址出土的陶猪，其形体与现在的家猪十分相似，说明当时对猪的驯化已具雏形。

家猪

猪形器具

各地新石器时代遗址出土的家畜骨骼和模型中，以猪的数量最多，约占三分之一左右。一些晚期遗址中出土的猪骨数量更大，说明猪在我国原始畜牧业中占有最重要的地位。

到了商周时期，养猪业有较大的发展，甲骨文有许多“豕”字，还有一字是在“豕”字外面围以方框，表示养猪的圈栏，各地

牛在原始畜牧业中占有重要地位

的商周遗址和墓葬中也常有猪骨骼出土。当时猪除用于肉食外，还用来祭祀。到了汉代，养猪业更加发达，地方官吏都提倡百姓家庭养猪以增加收入。各地汉墓中经常用陶猪或石猪随葬，出土的数量相当多，造型也很生动逼真，因而可以据之了解汉代家猪的品种类型。如小耳竖立、头短体圆的华南小耳猪，耳大下垂、头长体大的华北大耳猪，耳短小下垂、体躯短宽、四肢坚实的四川本地猪，嘴短耳小、体躯丰圆的四川小型黑猪等等，这对研究我国古代猪种形成的历史，具有很大的科学价值。

2. 牛

牛是指两种不同属的黄牛和水牛。黄牛既可用于肉食又可用于耕田，水牛主要用于南方水田耕作。中国黄牛和水牛是独立起源的，它们是分别从其不同的野生祖先驯化而来的。在新石器时代后期，牛已在原始畜牧业中占有重要地位。

商周时期，养牛业有很大发展。除了肉食、交通外，牛还被大量用于祭祀，动辄数十数百，甚至上千，可见牛在商代已被大量饲养。各地商代墓葬中经常用牛殉葬，或随葬玉牛、石牛等，也可作为例证。

牛耕

春秋战国时期，牛耕已经推广，在农业生产上发挥了很大作用，养牛业得到迅速发展。秦国政府还专门颁布《厩苑律》，对牛的饲养管理和繁殖都有严格的规定，反映了当时对养牛业的高度重视。春秋时期已创造了穿牛鼻子技术，这是驾驭耕牛技术的一大进步。

秦汉时期，牛耕得到普及，养牛业备受重视。《史记·货殖列传》："牛蹄角千（即养一百多头牛）……此其人与千户侯等。"说明已有人专门养牛致富。为了改变公牛的暴烈性情，以便于役使，同时也是为了改进畜肉的质量，汉代已经推广阉牛技术，河南省方城县出土的一块阉牛画像石，就是目前出土的唯一有关汉代阉割技术的实物例证。

魏晋南北朝时期，由于畜牧业的发达，已经总结出一套役使饲养牛马的基本原则，甘肃省嘉峪关市魏晋墓出土壁画中的畜牧图反映了牧牛、饲牛的生动情景，使我们得以了解当时养牛业的生动情景。

3. 马

马在古代曾号称“六畜之首”，是军事、交通的主要动力，有的地方也用于农耕。

马在古代被称为“六畜之首”

飞奔的骏马

在龙山文化时期，马已被驯养。中国家马的祖先是蒙古野马，因此，中国最早驯养马的地方应该是蒙古野马生活的华北和内蒙古草原地区。

到了商周时期，马已成为交通运输的主要动力，养马业相当发达。甲骨文中已有马字，商墓中常用马殉葬，各地都时有车马坑发现，河南省安阳市武宜村北地一次就发现了一百一十七匹马骨架。《诗经》中描写养马、牧马及驾驭马车的诗句也很多，《周礼·夏官》有“六马”之说。这六种马是指：繁殖用的“种马”、军用的“戎马”、毛色整齐供仪仗用的“齐马”、善于奔跑驿用的“道马”、佃猎所需的“田

秦始皇陵铜马车

马”和只供杂役用的“驽马”。可见，西周时期养马业发达的程度。商周时期，中国畜牧史上的另一大成就，是利用马和驴杂交繁育骡子。

春秋战国时期，盛行车战和骑兵，马成为军事上的主要动力，特别受到重视，此时马已成为六畜之首。各地的遗址和墓葬中也经常发现用马随葬，有的墓葬开始用铜马代替活马随葬。

秦汉时期，马在军事上起到了重要作用，因而养马业特别兴盛。汉代曾多次从国外引进良种以改良国内的马匹。由大宛、乌孙引进的良马称为汗血马、天马、西极马。最大的一批是从大宛引进的三千匹大宛马，还从大宛引种优质饲草苜蓿，促进了中国养马业的发展。

唐代是我国养马业的另一个高峰，仅西北地区的甘肃、陕西、宁夏、青海四处就养马七十多万匹，史称“秦汉以来，唐马最盛”（《旧唐书·兵制》）。当时还从西域引进优良马种在西北地区繁育。从各地出土的唐代三彩陶马的健美形态，亦是对当时良马的真实写照。

4. 羊

羊是从野羊驯化而来的，分化为绵羊和山羊。中国北方养羊的历史可能早到六七千年以前，南方养羊的历史晚于北方。

商周时期，羊已成为主要的肉食用畜之一，也经常用于祭祀和殉葬。《卜辞》记载祭祀时用羊多达数百，甚至上千，可见商周养羊业甚为发达。商代青铜器常用羊首作为装饰，亦反映出养羊业的兴盛。

春秋战国时期，养羊业更为发达。秦汉时期，西北地区“水草丰美，土宜产牧”，出现“牛马衔尾，群羊塞道”的兴旺景象。中原及南方地区的养羊业也有所发展，各地汉墓中常用陶羊和陶羊圈随葬。

魏晋南北朝时期，养羊已成为农民的重要副业，《齐民要术》专立一篇（《养

绵羊

狗是人类最早驯养的动物之一

羊》，总结当时劳动人民的养羊经验。唐代的养羊业亦取得了成就，培育出许多优良品种，如河西羊、河东羊、濮固羊、沙苑羊、康居大尾羊、蛮羊等。魏晋南北朝和隋唐墓葬中，也经常用陶羊、青瓷羊及羊圈随葬。

5. 狗

狗是由狼驯化而来的。远在狩猎采集时代，人们就已驯养狗作为狩猎时的助手，因此，狗要算人类最早驯养的家畜。在农业时代，它亦兼为肉食对象。河北省徐水县南庄头出土的狗骨的年代距今近万年，可见其驯养历史之久远。陕西省西安市半坡遗址出土的狗骨，头骨较小，额骨突出，肉裂齿小，下颌骨水平边缘弯曲，与现代

田间的狗

华北狼有很大区别，说明当时狗的饲养已很成熟，远远脱离野生状态。

商周以后，狗已成为主要的肉食对象之一。狗在先秦时期有三种用途：一是守卫；二是田猎；三是食用。狗还用作祭祀之牺牲，实际上也是供人们食用的，因此以屠宰狗肉贩卖为业的人也不少。春秋时期的朱亥、战国时期的高渐离、汉初名将樊哙等人，都是历史上屠狗卖肉出身的名人。因此，商周墓葬中也经常葬有狗骨，汉墓中则经常以陶狗随葬。

大约从魏晋南北朝开始，狗已退出食用畜的范围，只用于守卫、田猎和娱乐，因此《齐民要术》中的畜牧部分就不谈狗的饲养了。不过民间仍有食狗肉的习

家鸡

惯，魏晋南北朝及隋唐墓中也常以陶狗随葬。

（二）家禽

1. 鸡

我国的家禽主要是鸡、鸭、鹅等，其中鸭、鹅驯养得较晚，而鸡的驯养历史却是很早的。鸡是由野生的原鸡驯化而来。江西省万年县仙人洞新石器时代早期遗址中就发现了原鸡的遗骨，陕西省西安市半坡遗址也发现过原鸡属鸟类遗骨，说明原鸡在长江和黄河流域都有分布，因而史前先民们就有可能将它驯化成家鸡。鸡的驯化年代在中国已有八千多年的历史，这是目前世界上最早的记录。

甲骨文已有鸡字，为“鸟”旁加“奚”的形声字。鸡在商周已成为祭祀品，河南省安阳市殷墟已发现作为牺牲的鸡骨架，在四川省广汉县三星堆发现了商周时期的铜鸡，在河南省罗山县蟒张商墓中发现了玉鸡。《诗经》中有“鸡栖于埘”“鸡栖于桀”的诗句，表明当时已实行舍饲养鸡，早已脱离原始放养状态。

春秋战国时期，鸡已成为六畜之一。先秦著作中经常提到“鸡豚狗彘”“鸡狗猪彘”，说明鸡已被普遍饲养。当时还育成了越鸡和鲁鸡等不同品种，并且还有专门用来斗鸡的品种。

汉代的养鸡业更加发达，从各地汉墓常有鸡舍、鸡笼模型出土，可以看出当时已逐渐采用鸡舍饲养方式，从而改善和提高了鸡肉的品质和产蛋量。至魏晋南北朝时期，养鸡技术更加成熟，《齐民要术》已列专章加以总结。唐宋以后直至今天，鸡依然是广大农村饲养的主要家禽。

家鸭

2. 鸭

鸭是水禽，家鸭是从野鸭驯化而来的。从考古材料来看，鸭的驯化远较鸡要晚得多，但距今也有四千多年。

商代甲骨文虽然未见“鸭”字，但商

浮在水面上的鹅

墓中已有铜鸭、玉鸭和石鸭出土，可见商代确已饲养家鸭。西周青铜器中常有鸭形樽，西周墓中也有鸭蛋出土，亦反映了当时鸭的饲养已较普遍。

在先秦古籍中，鸭称作鹜，亦称家凫或舒凫，凫即野鸭。至秦汉时期，鸭与鸡、鹅已成为三大家禽，因此，各地汉墓中也常用陶鸭随葬。至南北朝时期，养鸭技术更加成熟，《齐民要术））设专章加以总结。南朝墓中经常出土青瓷鸭圈，亦反映当时舍饲养鸭的情况。

3. 鹅

我国鹅是从野雁（鸿雁）驯化来的。其驯化年代较晚，但至少在商代就已驯化成功。河南省安阳市妇好墓就出土过三件商代玉鹅，山东省济阳县刘台子西周墓中也出土过玉鹅。先秦古籍称鹅为舒雁（《礼记》）。鹅字首见于《左传·昭公二十一年》："宋公子与华氏战于赭丘，郑翩愿为鹳，其御愿为鹅。"西汉末王褒《僮约》中已有"牵犬贩鹅，武都买茶"之句，说明养鹅已是商品性生产，其社会需求量日益扩大。汉墓中亦有用陶鹅随葬的。《齐民要术》中更有专门篇章叙述养鹅的技术。魏晋南北朝及隋唐墓中也随葬陶鹅，但比起随葬的陶鸡、陶鸭要少得多。

六 古代农业机械

大体说来，原始农业时期已发明了整地、收获、加工脱粒等三类农具，自春秋战国以来称之为“田器”“农器”和“农具”。制造农具的原料，最早是石、骨、蚌、角等。商、周时代出现了青铜农具，种类有锛、锸、斧、斨、镈、铲、耨、镰、犁形器等。这是中国农具史上的一个重大进步。春秋战国之际，冶铁技术的出现使铁农具代替木、石、青铜制农具。铁农具的使用是农业生产上的一个转折点，甚至使农业生产关系、土地耕作制度和作物栽培技术等也发生一系列的变化。汉代是我国农具史上最为重要的时期，发明了整地机械耦犁和播种机械耧

早期制造农具的原料，包括石、骨、蚌、角等

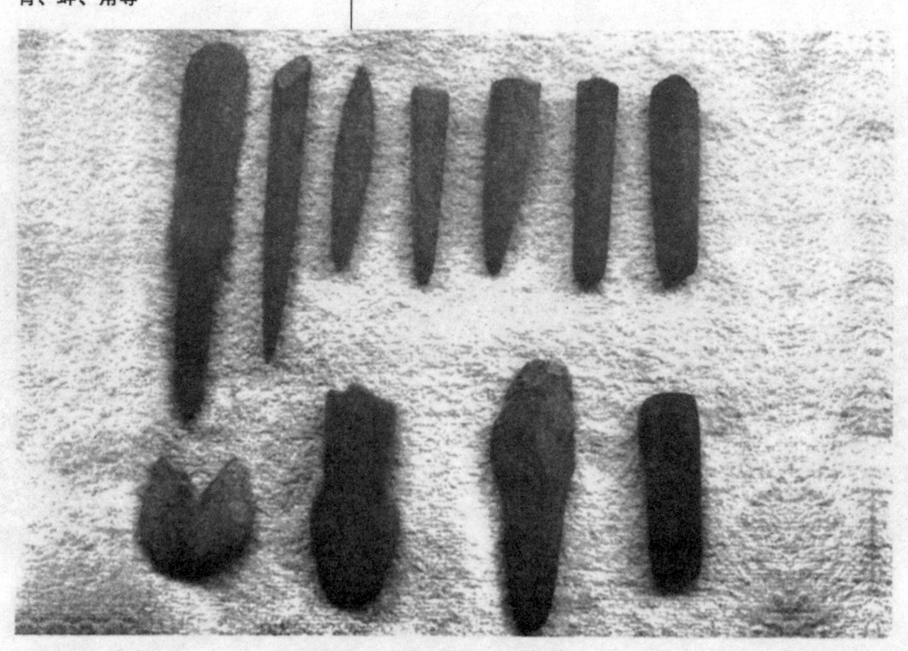

沉重的石磙

犁以及加工机械踏碓和风扇车。魏晋南北朝时期，形成了一套抗旱保墒的耕——耙——耱技术，相应地创造了耙、耱等整地农具。唐代在农具上的最大成就则是发明了曲辕犁，大量使用碾磨。宋元以后的农具虽有一些改良和进步，但没有根本性的突破，中国传统农具已经基本成熟定型。

中国古代的农具按功用可分为下列几类：

（一）整地农具

整地是给种子的发芽、生长创造良好的土壤条件。整地农具包括耕地、耙地和镇压等作业所使用的工具。

原始农业阶段的整地农具是耒、耜。

水碾带动了当时的农业发展

饕餮纹西周青铜农具

先是木质耒、耜，稍后又发明了石耜和骨耜，以后又有石铲、石锄和石镢，新石器时代末期出现了石犁。商周时期的整地农具新增了青铜制作的铲、镬、锸及犁。春秋战国时期的整地农具有铁制的耒、锸、犁铧、锄、镬及多齿镬等。汉代的整地农具除了犁铧之外，新发明了耧犁和耱。魏晋南北朝时期的整地农具新增了耙。唐代出现了曲辕犁，还发明了碌碡等。宋元时期新增了在水田使用的耖。明清时期的农具基本上继承宋元，没有太大的突破。

1. 耒、耜

我国很早就发明了耒、耜，用来翻整土地。后来，随着农业生产的发展，人们又将耒、耜发展成犁。单尖木耒的刃部发展成为扁平的板状刃，就成为木耜，它的挖土功效比耒大，但制作也比耒复杂。由于木耜的刃部容易磨损，就改用动物的肩胛骨或石头制作耜刃绑在木柄上，成为骨耜或石耜，从而提高了挖土的工效。

骨耜是用偶蹄类哺乳动物肩胛骨制成，肩部挖一方孔，可以穿过绳子绑住木柄，中部磨有一道凹槽以容木柄，在槽的两边又开了两个孔，穿绳正好绑住木柄末端，使木柄不易脱落，其制作方法已相当

铲是用于整地的农具

进步。

耒、耜使用的年代相当长久，直到商周时期还是挖土的主要工具，《诗经》中多次提到耜。战国时期耒、耜依然是主要的整地农具，并且还在耒的齿端套上金属套刃，使其更加坚固耐用，工效倍增。这是木耒发展史上的一大进步，甚至到了汉代，犁耕已经普及，但耒、耜仍未绝迹，大约到三国以后，耒、耜才逐渐退出历史舞台。

2. 铲

铲是一种直插式的整地农具，和耜是同类农具，在原始的生产工具中并无明显区别。现在一般将器身较宽而扁平、刃部平直或微呈弧形的称为铲，而将器身较狭长、刃部较尖锐的称为耜。

最早的铲是木制的，后来是石铲，也有少量骨铲。铲的器形较多样，早期的呈长方形，较晚出现的有肩石铲和钻孔石铲，使用时都需绑在木柄上。商周时期出现青铜铲，肩部中央有銎，可直接插柄使用。春秋时出现铁铲，到战国时铁铲的使用更为普遍，形式上分为梯形的板式铲和肩铁铲两种。汉代才开始有铲的名称，《说文解字》已收有“铲”字。汉代的铲器形式较为多样，有宽肩、圆肩、斜肩几种形式。汉唐以后，铁铲一直是主要的挖土工具之一，在宋元时期称为铁锨或铁锹。北方的一些金元时期遗址中常有铁铲出土，其形制大小都

西安半坡遗址文物石铲

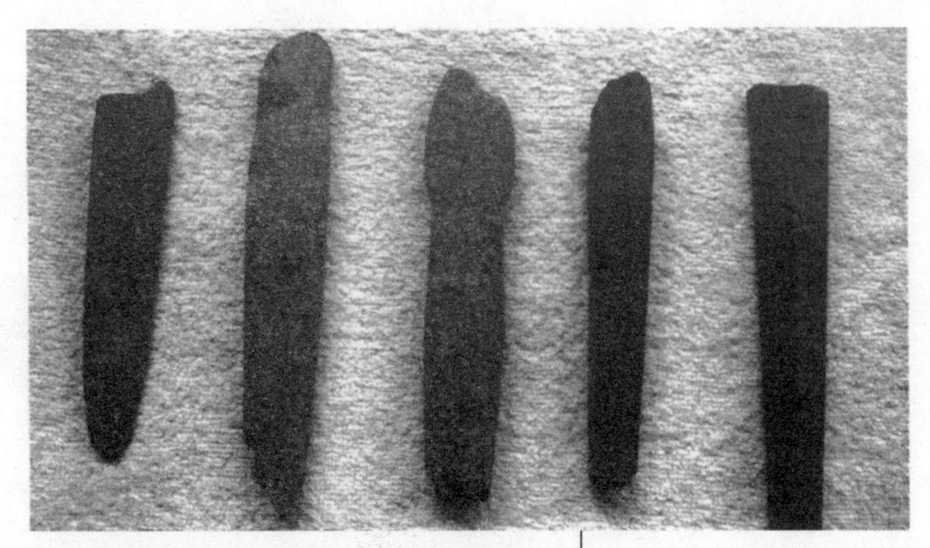
镭

与现在的铁锹相似，说明铁铲到此已经定型，至今没有太大的变化。

3. 镭

镭为直插式挖土工具。镭在古代写作锸，最早的镭是木制的镭，与耜差不多，或者说就是耜，在木制的镭刃端加上金属套刃，就成了镭，它可以减少磨损和增强挖土能力。

镭是商代新出现的农具，一般认为商代仍以石、骨及蚌制铲、斧、镰、刀等为主，镭较少用于农业生产。镭发展于战国，盛行于汉代，一直沿用到南北朝以后。

商周时期的镭多为凹字形的青铜镭，春秋时期的铜镭形式较多样，有平刃、弧刃或尖刃。战国时期开始改用铁镭，主要有一字形和凹字形两种。锸是汉代的主要挖土工具，在兴修水利取土时发挥较大作用，使用时双手握柄，左脚踏叶之左肩，用力踩入土中，再向后扳动将土翻起。湖南长沙马王堆三号西汉墓出土一把完整的锸，其木叶左肩比右肩突出而稍低，就是为了便于左脚踩踏而设计的。锸在南北朝时期继续使用，但不作为主要农具，至今在南方的一些偏僻农村仍在使用。

4. 犁

犁是用动力牵引的耕地农机具，也是农业生产中最重要的整地农具，但是它产生的历史较晚，约在新石器时代晚期才出现一种石犁，可装在木柄上使用，用人力牵引。到商代，青铜犁的出现为以后铁犁的使用开辟了道路，因而在我国农具史上占有重要的地位。

春秋战国时期，牛耕开始推广，铁犁铧也取代了青铜犁铧，犁耕已在中原地区广泛使用。多数是V字形铧冠，宽度在二十厘米以上，比商代铜犁大得多，是套在犁铧前端使用的，磨损后及时更换，大大提高了耕地能力。

耕犁到了汉代才得到普及，成为汉代农业生产力显著提高的主要标志之一。

用来耕地的犁

结构简单的木制农具

汉代的铁犁铧品种多样，大小不一。汉代耕犁已具备了犁辕、犁箭、犁床、犁梢等部件，已趋于成熟定型。但耕犁都是直辕犁，有用二牛牵引的长直辕犁和用一牛牵引的短直辕犁。长直辕犁适于在大块田地上使用，短直辕犁转弯灵活，适于在小块田里使用。

魏晋南北朝时期的耕犁基本上是继承汉代的，但犁铧冠由汉代的长翼变化为较短的翼。西汉铁犁铧接近等腰三角形，从东汉开始向牛舌状改进，至南北朝定型。山东一带已出现适合在山间谷地使用的蔚犁，是一种操作灵活轻便的短辕犁。这种犁的出现为唐代曲辕犁的诞生奠定了基础。

唐代曲辕犁的出现是耕犁发展又一次

东汉牛耕画像石

重大突破。曲辕犁全长四米，比现在的犁要长许多，但它的辕是弯曲的，末端设有能转动的犁架，可用绳索套在牛肩上，牵引时犁可自由摆动和改变方向，更适合在江南狭小的水田中使用，故被称为曲辕犁。曲辕犁的另一个优点是可控制犁地的深浅，操作起来比直长辕犁简便轻巧，能适应各种土壤和不同田块的耕作要求，既提高耕作效率，又提高耕地质量。此后，曲辕犁就成为我国耕犁的主流。

宋元时期的耕犁是在唐代曲辕犁的基础上加以改进和完善，犁身结构更加轻巧，使用灵活，效率更高，明清时期的耕犁已没有什么太大的突破。

5. 镬

镬又称镢或镐，为横斫式整地农具。掘地部件为长条形，上有銎，可安装横柄，是深掘土地的得力工具，多用于开垦荒地，也用于刨掘作物的根株，是古代主要的整地农具之一。

镬起源于新石器时代的鹿角镬和石锛。商周已出现青铜镬，在战国时期，铁镢已得到推广，并且出现了横銎式铁镬。在此之前的镢都是直銎式的空首镬，其装柄的方法是在顶部銎口插入长方形木块，在木块上横凿一孔以装木柄，或直接安装树杈形的弯曲木柄。横銎式的镬则是銎口横穿镢体的上方，直接横装木柄，加塞木楔，使之更加紧固牢靠，使用时不易脱落，其掘土功效更高，因此很快就淘汰了直銎式的空首镬，成为汉代以后的主要掘地农具之一。

从河南省渑池县出土的铁农具中，可知南北朝时期的镬已有大中小三种，可适应不同的用途。至宋元时期镬已定型，与今天农村所用者毫无二致。宋元铁镢有阔窄之分，其阔者，南方亦称为锄头，至今仍在使用。

镬又称镢或镐

6. 多齿镬

横斫式掘土农具，有二齿、三齿、四齿、六齿不等，以四齿居多，故亦称四齿耙、四齿镬或四齿镐。使用时向前掘地，向后翻土，比犁要深，又可随手将土块耙碎，但全凭体力，很是累人，是南方农村的主要整地农具之一。早在战国时期即已出现，汉代使用广泛，以二齿、三齿为多，至宋代称为铁搭。直至今天，江苏南部和浙江平原地区，铁搭仍是主要耕垦工具，有的地方使用甚至多于牛耕。

（二）播种农具

播种农具出现的时间较晚。在原始农业阶段，大多是用手直接撒播种子，无需

耧犁

播种工具。真正的播种农具是在以精耕细作为主要特征的传统农业技术成熟以后才出现的。

1. 耧犁

有明确文献记载的播种农具是西汉的耧犁，可播大麦、小麦、大豆、高粱等。据东汉崔寔《政论》记载，耧犁是汉武帝时搜粟都尉赵过所发明，这种耧犁就是现在北方农村还在使用的三脚耧车。

耧车有独脚、二脚、三脚、甚至四脚数种，以二脚、三脚较为普遍。耧犁在三国时期已传播到甘肃敦煌一带。三国以后，耧车在北方农村一直使用，是主要的播种农机具。陕西省三原县李寿墓和甘肃省敦煌县莫高窟四百五十四窟还分别发现唐代和宋代的耧播图壁画。

耧犁的构造是这样的：下面三个小的铁铧是开沟用的，叫做耧脚，后部中间是空的，两脚之间的距离是一垅。三根木制的中空的耧腿，下端嵌入耧铧的銎里，上端和籽粒槽相通。籽粒槽下部前面由一个长方形的开口和前面的耧斗相通。耧斗的后部下方有一个开口，活装着一块闸板，用一个楔子管紧。为了防止种子在开口处阻塞，在耧柄的一个支柱上悬挂一根竹签，竹签前端伸入耧斗下部系牢，中间缚上一

耧脚

耧犁

块铁块。耧两边有两辕，相距可容一牛，后面有耧柄。

播种前，要根据种子的种类、籽粒的大小、土壤的干湿等情况，调节好耧斗开口的闸板，使种子在一定的时间流出的数量刚好合适。然后把要播种的种子放入耧斗里，用牛拉着，一人牵牛，一人扶耧。扶耧人控制耧柄的高低，来调节耧脚入土的深浅，同时也就调整了播种的深浅，一边走一边摇，种子自动地从耧斗中流出，分三股经耧腿再经耧铧的下方播入土壤。在耧后边的木框上，用两股绳子悬挂一根方形木棒，横放在播种的垅上，随着耧前进，自动把土耙平，把种子覆盖在土下，这样一次就把开沟、下种、覆盖的任务完成了。再另外用砘子压实，使种子和土紧密地附在一起，发芽生长。

现代最新式的播种机的全部功能也只不过把开沟、下种、覆盖、压实四道工序接连完成，而我国两千多年前的三脚耧早已把前三道工序连在一起由同一机械来完成。这是我国古代在农业机械方面的重大发明之一。

青铜铲

2. 窍瓠

古代还有一种手工操作的播种农具，叫做“窍瓠”。窍瓠就是点葫芦，是用瓠子硬壳制成，中间穿一中空木棍。壳内装种子，用手持棍将下部尖端插入土中点播。相比单纯用手播种，瓠种要均匀、轻便，节约种子，能控制播种的质量，提高了工效。

窍瓠的最早记载见于《齐民要术·种葱》：“两耧重耩，窍瓠下之。”就是指用耧开沟后，用窍瓠播种。河北省滦平县岑沟出土的金代窍瓠是目前最早的实物例证。

中耕农具

（三）中耕农具

原始农业是“听其自生自实”，没有田间管理环节，自然也就没有中耕农具，后期可能有锄草等作业，但主要是靠手工或是利用一些简单的竹木器和蚌器来进行。

商周时期已使用青铜农具来中耕除草。战国时期出现了铁铲和铁锄，当时称作铫、耨，耨在汉代也叫做锄。锄有较长的柄，人可站立使用，减轻了劳动强度，也提高了除草工效。魏晋南北朝时期，除了使用手工农具锄、铲之外，还使用畜力牵引耙、耢等工具进行中耕。唐宋以后，水田农业发展迅速，出现了耘爪、耘荡等水田中耕农具，元代还创造了多种功能的耧锄。

石碾

1. 铲

大型铲是用来翻土的，属于整地农具，而小型铲才是用来中耕除草的。铲在商周时期称为“钱”，最早见于《诗经·臣工》。钱既与镈同类，应该也是用以锄草的。春秋战国时期，钱已成为货币的名称，故另取名字叫做“铫”。铫的使用方法是向前推引，与铲相同，并且又是在“蹲行甽亩之中”状态下使用，其柄不长，单手执握，以铲地除草。

商周时期使用的是铜铲，战国以后广泛使用铁铲。唐宋以后，由于耕作制度和作物品种的变化，用于田间除草的工具也有所变化，出现了可以站立使用的较大型的铲。这种铁铲已兼有除草、松土和培土的功能，铲发展至此已成熟，一直沿用至今。

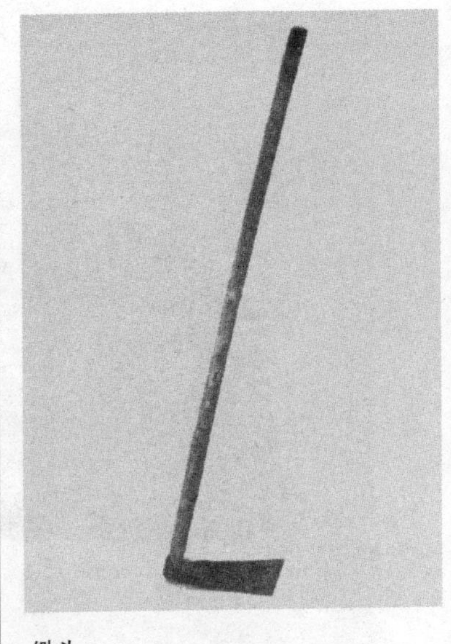

锄头

2. 锄

锄是横斫式锄地农具。大型锄用于挖土，小型锄用于松土、锄草，属于中耕农具。锄在商周时期称作镈。镈亦写作鎛，在春秋战国时期称为锝，是一种单手执握蹲行田间除草的小锄。至今华北农村使用的小薅锄，就是古代的镈、耨的后代。镈在汉代称为鉏，鉏即锄，其柄长数尺，刃也应更宽，锄草工效更高。因符合垄作法的要求，一直沿用到西汉。西汉时还使用一种“钩如鹅项”的铁薅锄，其刃平直，锄身近三角形，有一鹅项形锄钩可以直接装柄，人站立使用时，锄刃可以平贴地面，锄草轻快便捷，故后代一直沿用，只是锄身变为半月形而已。

（四）收获农具

原始农业初期，人们是用手来摘取野生谷物的，以后才逐渐使用石片和蚌壳等锐利器物来割取谷物穗茎，并逐渐把这些石片和蚌壳加工成有固定形状的石刀和蚌刀，这就是最早的收获农具。后来又将它们改进为石镰和蚌镰。进入商

铜铚

周时期，在继续使用石镰、蚌镰的同时，开始使用青铜镰刀，战国时期使用铁铚和铁镰。西汉以后，铚被淘汰，铁镰成为最主要的收获农具，直至明清时期仍然如此。

1. 铚

铚是最古老的收获农具，是专门用来割取禾穗的一种短镰，它是从原始的石刀和蚌刀发展而来的，因此早期的铚就保留了石刀和蚌刀的形态。如河北省平山县灵寿城出土的陶铚和云南省呈贡县出土的铜铚，其形状都是仿制有孔石刀。安徽省贵池县和江苏省句容县出土的铜铚则呈腰子形蚌壳状，刃部铸有斜线纹锯齿，更为锋利，可明显看出是仿制蚌刀的，也是蚌刀向镰刀演变的过渡形态。春秋以前使用的是铜铚，战国以后则多为铁铚。汉代以后，铁铚逐渐减少，铁镰成为主要收获农具。但是铚并未完全消失，至今在华北农村尚有使用，称之为“爪镰”或“掐刀”，辽宁省也称其为“捻刀”。

2. 镰

镰是长条形带锯齿刃的收割农具。镰虽是从石刀演变而来的，但其历史仍非常古老。河北省武安县磁山遗址和河南省新郑县裴李岗遗址都出土了许多距今八千年的石镰，而且制作得相当精美。在其他遗址中也出土过许多蚌镰。商周时期使用青铜镰刀，如江西省新干县大洋洲商代墓中出土的青铜镰，其形制已与战国铁镰差不多。从战国开始，铁镰取代了铜镰。西汉以后铜镰已基本消失。汉代的铁镰已基本定型，只是镰身宽窄有所不同。此后的变化不大，一直沿用至今。

（五）脱粒农具

原始农业时期的脱粒方法是用手直接捋取禾穗上的谷粒，或者用手搓磨谷穗使之脱粒，也可用手抓握禾穗摔打，使之掉

梿枷

碾

粒。稍后，人们使用木棍敲打谷穗使之脱粒，这木棍就是最早的脱粒农具，后来发展为连枷。谷物脱粒后，还需将混杂在谷粒中的谷壳、茎叶碎片和尘屑等杂物清除，因此需要扬场工具，较早用簸箕或木锨簸扬，借风力吹掉杂物。在西汉就已发明了专门用来扬扇谷壳杂物的农机具——飏车，就是现在农村还在使用的风扇车。

1. 连枷

连枷是从敲打谷穗使之脱粒的木棍发展而来的。它由两根木棍组成，即在一根长木棍的一端系上一根短木棍，后发展成由一个长柄和一组平排的竹条或木条构成，工作时上下挥动长柄，利用短木棍的回转连续拍打谷物、小麦、豆子、芝麻等，使籽粒掉下来。也作梿枷。

文献记载最早见于《国语·齐语》："今农夫群萃而州处，察其四时，权节其用，耒耜耞芟。"连枷之名至少在汉代就已正式出现。连枷为木制（南方也有用竹子制作的），可在一些壁画上见到它的形象，如甘肃省嘉峪关市魏晋墓壁画中的打连枷图，敦煌莫高窟壁画中也有许多打连枷的场面。

碌碡

2. 风扇车

风扇车发明于西汉，也叫风车、扇车，古代称飏扇或飏车，是专门用来扬弃谷物中糠秕杂物以清理籽粒的农机具。全部由木材制成，车身后面有扇出杂物的出口，前身为圆鼓形的大木箱。箱中装有四至六片薄木板制成的风扇轮。手摇风扇轮轴的曲柄，使扇轮转动。扇车顶上有盛谷的漏斗，脱落后或舂碾后的谷物从漏斗中经狭缝徐徐漏入车中，通过转动风轮所造成的风流，将较轻的杂物吹出车后的出口，较重的谷粒则落在车底，流出车外，从而把杂物和净谷净米分开。

石碾

早期风扇车的风轮箱体为长方形，摇动风扇轮时较为费力，因为在箱体内与风轮轴平行的箱体壁所组成的两面角内会产生涡流，阻碍了风轮的运转。在宋元时期，出现了圆柱形风轮箱体的风扇车，克服了产生涡流的现象，使用起来更为轻快，从而提高了工效。

犁

（六）加工农具

多数谷物需要加工去壳或磨碎后才宜于食用。最早的加工方法是舂打，之后为碾磨，目前发现最早的加工农具是石磨盘。

另一种加工农具是杵臼，即将谷物放在土臼、木臼或石臼中舂打脱壳。到了春秋战国时期，发明了旋转型石磨，这是加工农具史上的重大突破，极大地提高了工效，很快就淘汰了石磨盘。石磨使中国饮食习惯从粒食发展为面食，也促进了小麦和大豆种植的发展。

汉代又发明了另一种加工农具——碓。除了脚碓外，汉代还发明了用畜力驱动的畜力碓和用水力驱动的水碓。魏晋南北朝时期，又发明了石碾，也是加工旱作谷物的重要农具，它一直在北方农村中长期使用。

1. 石磨盘

石磨盘是原始的粮食去壳碎粒工具。最早的石磨盘是两块天然的石块。下面那块大而宽平，将谷物放在上面，再用一块圆柱形的鹅卵石碾磨，后来人们逐渐将下面的石块打制成扁平状，将碾磨用的石块加工成圆柱形磨棒。

进入新石器时代，农业生产得到迅速发展，谷物增多，石磨盘也更加受到重视。石磨盘一直使用到春秋战国以后才逐渐消退，特别是西汉以后，由于旋转式石磨的推广和普及，石磨盘在中原大地已消失，只在北方草原地区尚有一些残留。

2. 杵臼

人们最早加工谷物的方法是用木棍直接捶打，而后才发展为舂打。因此最早的杵就是一根粗木棍，最早的臼就是在地上挖一个圆形的坑，铺上兽皮，将谷物倒进坑中进行舂打。

犁

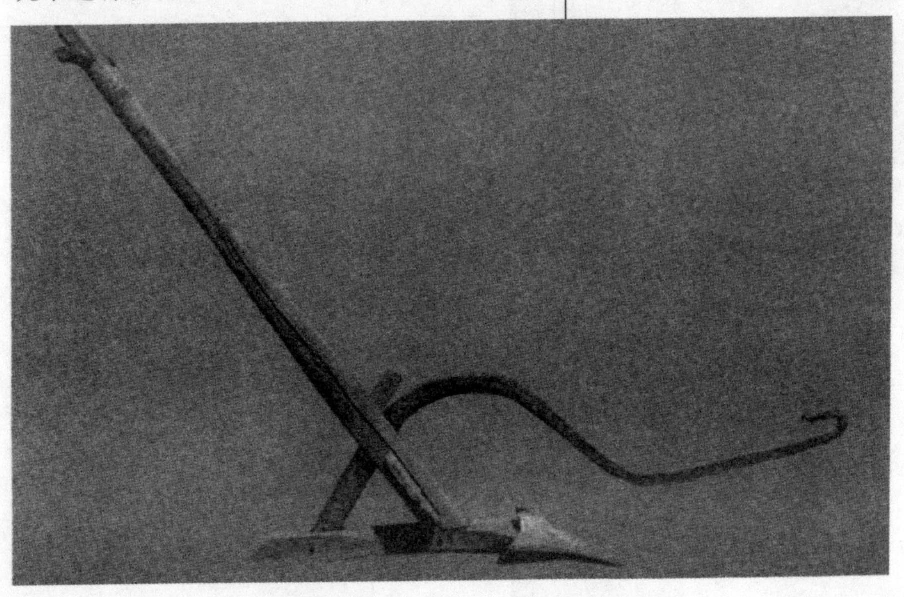

石磨

杵臼发明于原始社会末期的黄帝时代，实际上杵臼的历史可能更古老些。稍后发展为木臼，即在砍下大树以后的树桩上挖一个圆坑，倒进粮食用木杵舂打，称之为树臼。进一步就用砍下的一段树干制作木臼，可以移动，便于使用。最后才使用石头制作的石臼。早期的石臼较小，而且外形较不规则；汉代以后的石臼就比较规整，宋代以后，已经定型，臼身较矮，口径较大，与今天农村所使用的石臼相同。

3. 石磨

旋转型的石磨是将谷物磨碎的加工机械，由上下两扇圆形石块组成。上扇凿有磨眼，并安有拐柄，朝下一面凿有磨齿；下扇朝上一面亦凿有磨齿，中央装一短轴，可与上扇磨石套合在一起，摇动拐柄使上扇磨石绕轴旋转，谷物由磨眼注入，在两扇之间散开并在磨齿之间被磨碎。石磨相传为春秋时期鲁班所发明。

石磨在西汉得到迅速发展，只是西汉的石磨制作得略微粗糙一点，磨齿多为窝点状，磨出来的粮食颗粒较粗。东汉的磨齿才发展为放射线形，磨出来的粮食呈颗粒细小的粉末状，特别适合用来加工小麦和大豆。

魏晋南北朝时期，发明了用水力驱动的水磨，使用相当普遍。到宋元时期，又发明了利用风力作为动力的风磨。风磨的发明不仅是加工农具史上的新成就，而且在我国农用动力发展史上也具有非常重大的意义。

王祯《农书·利用门》记载了当时江西山区为了加工茶叶，还创造了一种利用水力能同时驱动九磨的水转连磨。这种一轮可拨九磨，且兼打碓、灌溉功能的水转连磨，是石磨发展史上的一大杰作。

砻

4.碓

碓是由杵臼发展而来的，它是利用杠杆原理将一根长杆装在木架上，杆的一端装着碓头，下面放一石臼。人踩踏杆的另一端，碓头即翘起，脚移开碓头即落下舂打谷米。

汉代文献多处提到碓，据推测碓有可能发明于西汉以前，不过碓的盛行却是在东汉以后。汉代不但已经使用脚碓，还有畜力带动的畜力碓，并且还发明了用水力驱动的水碓，极大地提高了生产力。

农铲

西汉末年出现的水碓是利用水力舂米的机械。水碓的动力机械是一个大的立式水轮，轮上装有若干板叶，转轴上装

辘轳

石碾

有一些彼此错开的拨板，拨板是用来拨动碓杆的。流水冲击水轮使它转动，轴上的拨板拨动碓杆的梢，使碓头一起一落地进行舂米。

水碓在魏晋南北朝时期有较大发展，一是使用面广；二是使用量大；三是有新创造。根据水势大小设置多个水碓，设置两个以上的叫做连机碓，最常用的是设置四个碓。

5. 碾

碾是用于脱壳、碾粉及精米的加工农具，由碾台、碾槽、碾磙、碾架等构成。碾出现较晚，用人力或畜力带动的碾，有可能早到汉代。至唐代，碾的使用较为普遍，各地唐墓时有陶碾出土。宋元以后，石碾更成为农村的主要加工农具，一直沿用至今。

（七）灌溉农具

1. 桔槔（汲水工具）

桔槔是在一根竖立的架子或树上加上一根细长的杠杆，当中是支点，末端悬挂一个重物，前段悬挂水桶。当人把水桶放入水中打满水以后，由于杠杆末端的重力作用，便能轻易把水提拉至所需处。桔槔早在春秋时期就已相当普遍，而且延续了几千年，是中国农村历代通用的旧式提水器具。

2. 辘轳（汲水工具）

早在公元前一千一百多年前中国已经发明了辘轳。辘轳也是从杠杆演变而来的汲水工具。其构造是在井上搭一木架，架起横轴，轴上套一长筒，筒上绕以长绳，绳的一端挂水桶。长筒头上装有曲柄，摇动曲柄，绳即在筒上缠绕或松开，水桶亦因之吊上或放下，可以取水。

到春秋时期，辘轳就已经流行。北魏贾思勰《齐民要术》卷三：“井深用辘轳三四架，日可灌田数十亩。”辘轳的制造和应用，在古代是和农业的发展紧密结合的，它广泛地应用在农业灌溉上。

辘轳的应用在我国时间较长，虽经改进，但大体保持了原形，说明在三千年前我们的祖先就设计了结构很合理的辘轳。现在一些地下水很深的山区，也还在使用辘轳从深井中提水，以供人们饮用。

3. 翻车（灌溉机械）

翻车，是一种刮板式连续提水机械，又名龙骨水车，是我国古代最著名的农业灌溉机械之一。

翻车

筒车

《后汉书》记有毕岚作翻车，三国马钧加以完善。翻车可用手摇、脚踏、牛转、水转或风转驱动。龙骨叶板用作链条，卧于矩形长槽中，车身斜置河边或池塘边。下链轮和车身一部分没入水中。驱动链轮，叶板就沿槽刮水上升，到长槽上端将水送出。如此连续循环，把水输送到需要之处，可连续取水，工效大大提高，操作搬运方便，还可及时转移取水点，是农业灌溉机械的一项重大改进。

4. 筒车（灌溉机械）

筒车亦称“水转筒车”，是一种以水流作动力，取水灌田的工具，约产生于隋唐时代。

其原理为：在水流很急的岸旁打下两个硬桩，制一大轮，将大轮的轴搁在桩叉上。大轮上半部高出堤岸，下半部浸在水里，可自由转动。大轮轮辐外受水板上斜系有一个个竹筒，岸旁凑近轮上水筒的位置，设有水槽。当大轮受水板受急流冲激，轮子转动，竹筒在水中注满水，随轮转到上部时，水自动泻入盛水槽，输入田里。

此种筒车日夜不停车水浇地，不用人畜之力，工效高。其机构简明紧凑，设计构思巧妙。

七 古代农业著作

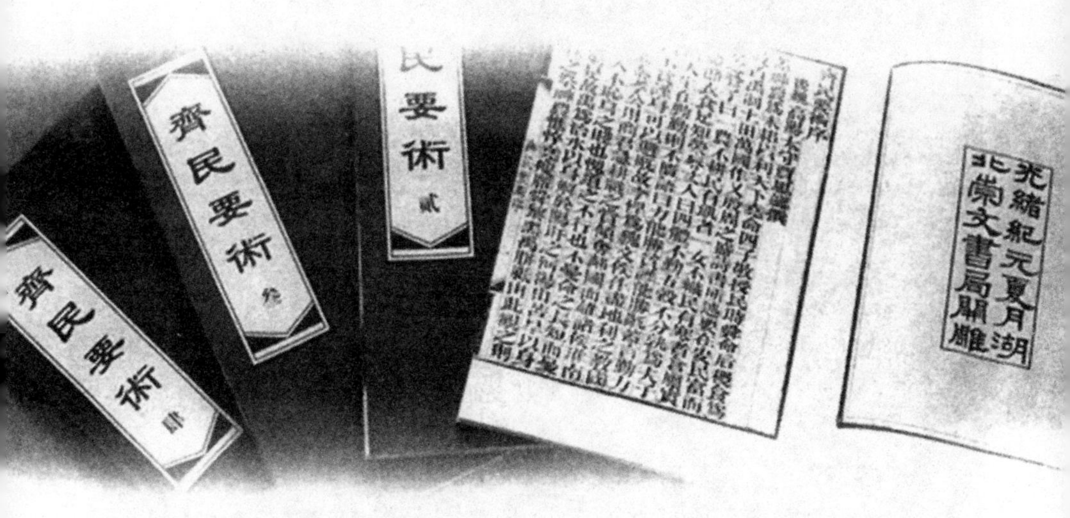

（一）《氾胜之书》

《氾胜之书》是西汉晚期的一部重要农学著作，一般认为是我国最早的一部农书。奴书艺文志》著录作“氾胜之》十八篇”，《氾胜之书》是后世的通称。

作者氾胜之，汉成帝时人，曾为议郎，在今陕西关中平原地区教民耕种，获得丰收。是他本人由于劝农有功，被提拔担任御史。《氾胜之书》是在此基础之上写成的，或者就是为推广农业而写的。

该书在汉代已享有崇高的声誉，屡屡为学者所引述。贾思勰写作《齐民要术》，也大量引用了《氾胜之书》的材料；我们今天所能看到的《氾胜之书》的佚文，主

元阳梯田

要就是《齐民要术》保存下来的。隋唐时期，该书仍在流传。大概宋仁宗时期，开始流行渐少，宋以后的官私目录再也没有提到《氾胜之书》。看来此书是在两宋之际亡佚的。

现存《氾胜之书》的主要内容：

第一部分，耕作栽培通论。《氾胜之书》首先提出了耕作栽培的总原则，然后分别论述了土壤耕作的原则和种子处理的方法。前者着重阐述了土壤耕作的时机和方法，从正反两个方面反复说明正确掌握适宜的土壤耕作时机的重要性。后者包括作物种子的选择、保藏和处理；而且着重介绍了一种特殊的种子处理方法——溲种法；此外还涉及播种日期的选择等。

《氾胜之书》

第二部分，作物栽培分论。分别介绍了禾、黍、麦、稻、稗、大豆、小豆、枲、麻、瓜、瓠、芋、桑十三种作物的栽培方法，内容涉及耕作、播种、中耕、施肥、灌溉、植物保护、收获等生产环节。

第三部分，特殊作物高产栽培法——区田法。这是《氾胜之书》中非常突出的一个部分，《氾胜之书》现存的三千多字中，有关区种法的文字，多达一千多字；而且在后世的农书和类书中多被征引。

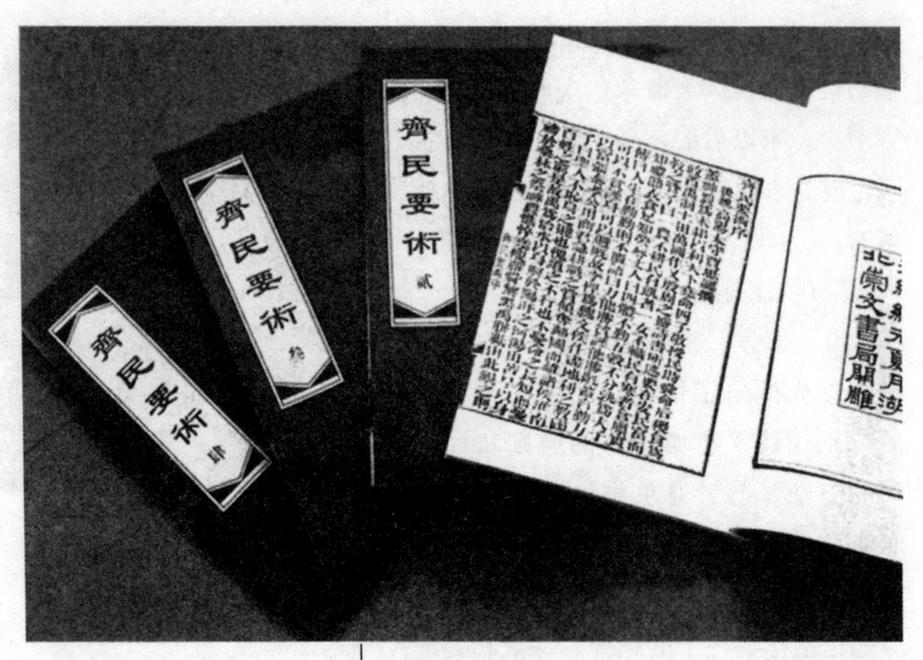

《齐民要术》

《氾胜之书》是继《吕氏春秋·任地》后最重要的农学著作，它是在铁犁牛耕基本普及的条件下，对我国农业科学技术一个具有划时代意义的新总结，是中国传统农学的经典之一。

（二）《齐民要术》

《齐民要术》是中国北魏的贾思勰所著的一部综合性农书，也是世界农学史上最早的专著之一，是中国现存的最早、最完整的农书。书名中的“齐民”，意指平民百姓，“要术”指谋生方法。

作者贾思勰，生卒年不详，山东益都（今山东寿光）人。曾任北魏高阳郡太守。

经营过农业、牧业生产，通过搜集文献资料、访问农民及观察、试验，具有广泛的农事知识，对农业生产有较深的了解。6 世纪 30—40 年代，战乱频仍，民不聊生，他从传统的农本思想出发，著书立说，介绍农业知识，以期富国安民，写成了世界农学史上最早的专著——《齐民要术》。

《齐民要术》作者贾思勰

书约写成于 6 世纪 30—40 年代。最初在民间辗转传录，至北宋天圣年间才官刊颁发给劝农使者，以指导农业生产。以后官私传抄不绝，版本多至二十余种，并广为其他农书、杂著援引。

《齐民要术》由序、杂说和正文三大部分组成。正文共九十二篇，分十卷，十一万字。其中正文约七万字，注释约四万字。另外，书前还有“自序”“杂说”各一篇，其中的“序”广泛摘引圣君贤相、有识之士等注重农业的事例，以及由于注重农业而取得的显著成效。一般认为，杂说部分是后人加进去的。

《齐民要术》

书中内容相当丰富，涉及面极广，包括各种农作物的栽培、各种经济林木的生产以及各种野生植物的利用等等；同时，书中还详细介绍了各种家禽、家畜、鱼、蚕的饲养和疾病防治，并把农副产品的加工（如酿造）以及食品加工、文具和日用

《王祯农书》插图

品生产等形形色色的内容都囊括在内。因此说《齐民要术》对我国农业研究具有重大意义。

（三）《王祯农书》

《王祯农书》是元代三大农书之冠，是综合性农书，作者王祯。王祯是山东人，在安徽、江西两省做过地方官，又到过江、浙一带，所到之处，常常深入农村作实地观察。因此，《侬书》里无论是记述耕作技术，还是农具的使用，或是栽桑养蚕，总是时时顾及南北的差别，致力于其间的相互交流。

《王祯农书》完成于1313年。全书正文共计三十七集，三百七十一目，约十三万余字。分《侬桑通诀》《百谷谱》和《农器图谱》三大部分，最后所附《杂录》包括了两篇与农业生产关系不大的“法制长生屋”和“造活字印书法”。书完成于元仁宗皇庆二年，明代初期被编入《永乐大典》。明清以后，有很多刊本。1981年出版了经过整理、校注的王毓瑚校本。全书约十三万余字。

《王祯农书》

《王祯农书》在前人著作基础上，第一次对所谓的广义农业生产知识作了较全面系统的论述，提出中国农学的传

统体系。其内容包括：①《农桑通诀》六集，为农业总论，体现了作者的农学思想体系。②《百谷谱》十一集，为作物栽培各论，分述粮食作物、蔬菜、水果等栽种技术。③《农器图谱》二十集，占全书80%的篇幅，几乎包括了传统的所有农具和主要设施，堪称中国最早的图文并茂的农具史料，后代农书中所述农具大多以此书为范本。《农书》能兼论南北农业技术，对土地利用方式和农田水利叙述颇详，并广泛介绍各种农具，是一本很有价值的书籍。

（四）《农政全书》

《农政全书》的作者是徐光启。徐光

《农政全书》

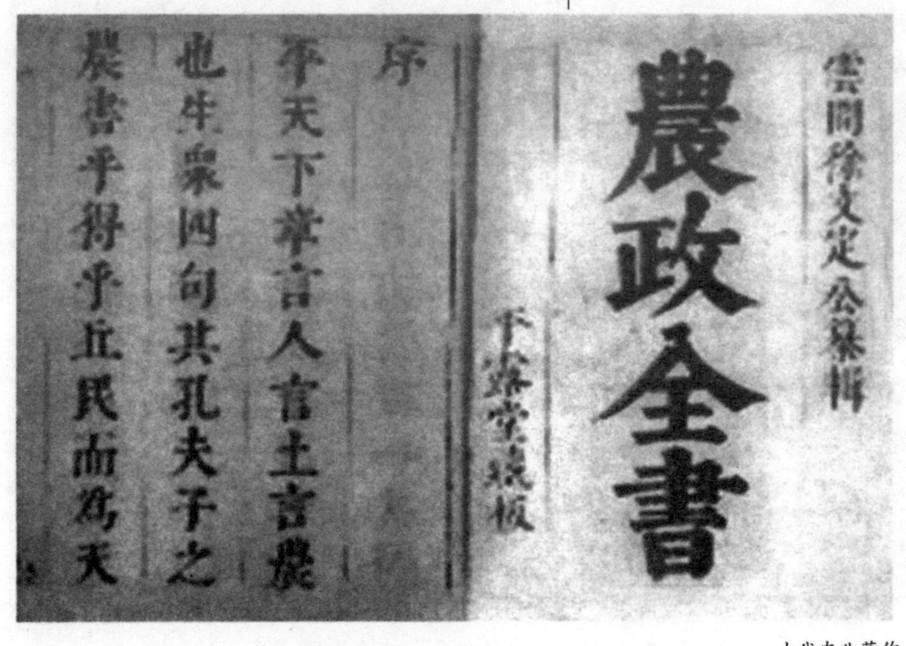

雲間徐文定公纂輯

農政全書

平露堂梓板

序

乎天下本言人言土言農

農書乎得乎丘民而爲天

明代科学家徐光启

启，字子先，号玄扈，上海人，生于明嘉靖四十一年（1562 年），卒于崇祯六年（1633 年），明末杰出的科学家。

徐光启出生的松江府是个农业发达之区。早年他曾从事过农业生产，取得功名以后，虽忙于各种政事，但一刻也没有忘怀农本。

天启二年（1622 年），徐光启告病返乡。此后边试种农作物，边开始搜集、整理资料，撰写农书，以实现他毕生的心愿。崇祯元年（1628 年），徐光启官复原职，此时农书写作已初具规模，但由于上任后忙于负责修订历书，农书的最后定稿工作无暇顾及，直到死于任上。以后这部农书便由他的门人陈子龙等人负责修订，于崇祯十二年（1639 年），即徐光启死后的第六年，刻板付印，并定名为《农政全书》。整理之后的《农政全书》全书分为十二目，共六十卷，五十余万字。十二目中包括：农本三卷；田制二卷；农事六卷；水利九卷；农器四卷；树艺六卷；蚕桑四卷；蚕桑广类二卷；种植四卷；牧养一卷；制造一卷；荒政十八卷。

《农政全书》道光重印本

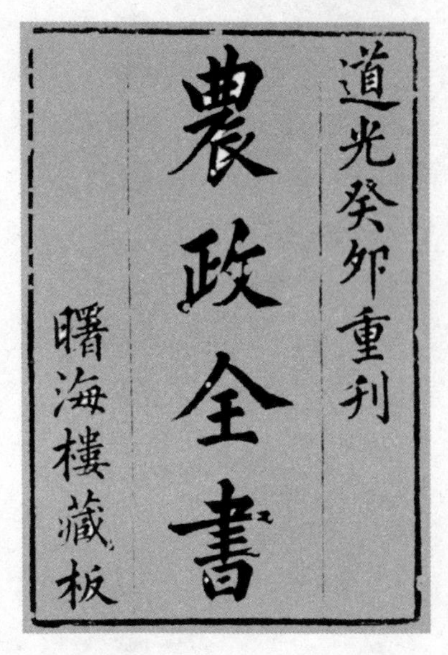

道光癸夘重刊
農政全書
曙海樓藏板

《农政全书》基本上囊括了古代农业生产和人民生活的各个方面，而其中又贯穿着一个基本思想，即徐光启的治国治民的“农政”思想。《农政全书》

谷仓

按内容大致上可分为农政措施和农业技术两部分。

徐光启认为，水利为农之本，无水则无田。他提出在北方实行屯垦，屯垦需要水利。这正是《农政全书》中专门讨论开垦和水利问题的出发点，从某种意义上来说，这也就是徐光启写作《农政全书》的宗旨。

徐光启并没有因为着重农政而忽视技术，相反他还根据自己多年从事农事试验的经验，极大地丰富了古农书中的农业技术内容。对于其他一切新引入、新驯化栽培的作物，无论是粮、油、纤维，也都详尽地搜集了栽种、加工技术知识。这就使

江南贩运水果的小船

得《农政全书》成了一部名副其实的农业百科全书。

《农政全书》系在对前人的农书和有关农业文献进行摘编的基础上，加上自己的研究成果和心得体会撰写而成的。摘编文献时，并不盲目追随古人，而是区分糟粕与精华，有批判地存录。或指出错误，或纠正缺点，或补充其不足，或指明古今之不同，不可照搬。同时，结合自己的实践经验和数理知识，提出独到的见解。据统计，徐光启在书中对近八十种作物写有注文或专文，提出自己独到的见解与经验，这在古农书中是空前绝后的。